U0210522

大家
博物志
bowuzhi

自然的力量

有翅膀的种子

（美）亨利·戴维·梭罗——著
刘浩兵——编译

ZHEJIANG UNIVERSITY PRESS
浙江大学出版社

图书在版编目(CIP)数据

自然的力量：有翅膀的种子 /（美）亨利·戴维·梭罗著；刘浩兵编译. —杭州：浙江大学出版社，2018.9

ISBN 978-7-308-18187-7

Ⅰ. ①自… Ⅱ. ①亨… ②刘… Ⅲ. ①植物学—普及读物 Ⅳ. ①Q94-49

中国版本图书馆 CIP 数据核字（2018）第 088010 号

自然的力量：有翅膀的种子

（美）亨利·戴维·梭罗 著

刘浩兵 编译

策划编辑 张 婷

责任编辑 黄兆宁

责任校对 陈 翩

出版发行 浙江大学出版社

（杭州市天目山路 148 号 邮政编码 310007）

（网址：http://www.zjupress.com）

排　　版 杭州林智广告有限公司

印　　刷 杭州杭新印务有限公司

开　　本 787mm×1092mm 1/32

印　　张 9.5

插　　页 18

字　　数 180 千

版 印 次 2018 年 9 月第 1 版 2018 年 9 月第 1 次印刷

书　　号 ISBN 978-7-308-18187-7

定　　价 49.00 元

序言

PREFACE

对科学真知的探求，是人类社会永恒不变的主题。人类社会的进步发展也得益于科学的福祉。自 17 世纪中叶以来，东西方文明日渐分野，西方文明迅速走到了近代世界的前列。其中，自然科学在启迪新知、推动社会进步诸方面起到了举足轻重的作用，其中所蕴含的科学精神恰是人们的内在追求，这深深影响了一大批文学家。

在十八九世纪的文学家中，就有相当一批人集中描绘自然，特别是以描绘动植物为主要方向，其表现出的自然与文学的完美结合，展现出别样的美感。但是，这批作品大多以手稿的形式出现，或散见在各种专著的附录之中，只有在整理作家全集的时候，读者们才能有幸一阅。除了《森林报》《发现之旅》等少数几部作品作为儿童文学广为流传之外，很多作品的影响力与作者的知名度完全无法匹配，因此，就有了将这批优秀作品重新整理翻译的必要。

为此，我们策划了以“大家·博物去”为名的系列图书，遴选的标准是文学美感和博物科普性质兼具，且多为遗珠之作。首批有梭罗的《自然的力量：有翅膀的种子》、巴勒斯的《博物学家的自然观察笔记》和科特莱的《植物的生命之书：写给花的情诗》。对于梭罗，大家都熟知其著名的自然主义文学作品《瓦尔登湖》，但鲜为人知的是他生前曾留下海量手稿，其内容之丰富，令人叹为观止。这些手稿集中展现出他对大自然的向往。梳理文稿内容我们发现，梭罗所描绘的动物、植物，从自然农耕到野生森林，都极具博物特质。巴勒斯，被誉为“自然文学之父”，他曾经从事多种职业，包括农民、教师、专栏作家。但是他自始至终没有放弃对自然的热爱，从而成为那个时代最受欢迎的作家。科特莱作为法国著名的女作家、记者、演员和戏剧评论家，著作颇丰。瑞士出版商梅尔莫提议，定期送一束花给科莱特。科莱特便以花为主题，写出了涓涓文字。读罢这些文字，我们仿佛徜徉于花海，并沉浸其中，由此感受到一段美妙的时光。

时至今日，人们对自然科学的探求一如既往，对美的追求也与日俱增。于是，我们将这批名家作品重新编排，并配以同时代的彩色插图，让其在文学性上和艺术欣赏性上都有所提高，让读者在获得知识的同时，又能获得美的享受。

自然的力量　有翅膀的种子

CONTENTS

前言

PREFACE

梭罗生前出版过《瓦尔登湖》，而其他大部分作品都是在生后才得以出版。

当年，他离开瓦尔登湖的时候，曾说过自己同时又体会到了很多不同种类的生活，其中有一种就是科学的生活。然而，世人知此者寥寥无几。

梭罗在生前留下的手稿非常多，这些已经不是什么秘密了。它们大多数是梭罗最初的记录稿和草稿。之前的学者们曾经对这些手稿内容做了种种假设，认为其大多是枯燥乏味的内容，这给后期的编辑工作带来了极大的困难，对于我们深入了解梭罗也并无帮助。但是，本书却有着足够吸引人眼球的内容，完全不符合之前学者们的种种假设。

他所进行的是一项规模相当宏大的研究，需要付出毕生足够长的时间才能够完成，没想到他突然离世，这让我们感到措手不及。他留下了自己尚未完成的事业，没有人能够继续完成。梭罗还没来得及向同伴们展示他的高贵灵魂就撒手而去，这很令人惋惜。

梭罗在去世前六周，写过这样的话：

我还没有从事过关于植物学的任何的具体工作，类似这样的工作，如果我还能够继续活下去，那么我将还有很多关于自然历史的报告要做。

从这本书里，我们能够看出梭罗将兴趣从人类世界转向了自然世界，从自然农耕转向了野生树林，从关注个体生命的自然成长转向了关注自然生命的普遍成长。

梭罗对自然和生命的研究，也在驱使我们更加关注自己的个体成长。

Chapter 1

种子的信仰

我们很少将树木和种子联系到一起，
更不会预见到这种常规的自然更替可能会停止。

普林尼的研究，代表了他所处的那个时代的自然科学水平。他告诉我们，有些树是不结种子的。“在那些连种子都不结的树中，”他说，“比如柽柳，只能用来做扫帚；比如白杨；比如平叶榆，一种英格兰罕见的野生榆树；还有鼠李。”他补充说：“这些树被看作是不吉祥的，或是悲伤和不幸的。它们被认为是带有凶兆的树木。”

因此，一直以来，很多人在自己的脑海里对某些树木存在着种种疑虑。

我们习惯于在一片森林被砍倒之后（不管是从树桩残根那里，还是从种子那里），很自然地立刻去关注另一片生长茂盛的森林。我们从不操心大自然的更替。我们很少将树木和种子联系到一起，更不会预见这种常规的自然更替有可能会停止。直到有一天，我们被迫去植树造林的时候，就像在所有古老国度里的人们所做的那样，我们才意识到这一点。与我们相比，欧洲的殖民者具有一种不同的、对种子价值更正确的认知。一般来说，他们知道森林的树木发自种子，就像动物的毛发在夏天变得稀疏之后，还会从兽皮上生长出来一样常见，而我们在砍倒树木时却认为它们是从土里长出来的。随着时间的消逝，来自森林的资源已经变得非常匮乏，我们也必然会越来越相信种子的意义。

在这一章里，我要阐述的是，根据我的观察，森林里的树木和其他植物在大自然中是如何播种的。

在一个区域里，如果之前那里没有同类的树木生长，而现在一片森林很自然地出现，那么我会毫不犹豫地说它是来自种子。它是通过被人们所熟知的各种不同的方式来繁殖的，比如移植、剪枝等，这是在这种情况下唯一能够想象出的方式。众所周知，没有任何森林曾经产生于其他方式。如果有任何人断言森林产生于别的东西或者是从无到有的话，那么如何证明这个断言可能就是这个人的责任了。

因此，现在剩下的就是，揭示种子是如何从生长的地方被传送到种植的地方的。这主要是以风、水和动物作为中介。轻一些的种子,像那些松树和枫树的种子,主要是通过风传播;重一些的种子,像橡子和坚果,主要是通过动物传播。

从油松开始吧。读者可能都熟悉,油松刚硬的圆锥形果实不用刀几乎是拽不下来的。松果长得既硬又短,简直像一块石头。的确,罗马人曾经就是当石头一样使用它的。他们叫它松果,有时叫松树结的苹果,因此也叫它松树苹果。事情是这样的:当时瓦蒂利乌斯举办了一场角斗士表演以安抚民众,非常讨厌他的民众连续向他投石头。为此营造司发布了一条命令,禁止民众在竞技场扔除苹果之外的任何东西。因为这个,民众改用松树苹果来砸瓦蒂利乌斯。这样的话,问题便随之而来:这样做是否违反法律呢?民众咨询著名的律师卡斯凯留斯,他回答道:如果你们将这松果扔向瓦蒂利乌斯,它就是一个苹果。

如果没有人采摘,这些果实能挨过一整个冬天,甚至可能还会挂在树上好多年。在大树桩周围 2 英尺范围内,你常常能看见灰色的陈年松果,有的已积了一圈,这是在二三十年前树还很小的时候就已经形成的,由此可见那些松果是多么刚硬结实。

在这个坚硬多刺的黑球里,长有上百颗深棕色的种子。它们都是成对出现的,每一对在带刺的壳下都有一个独立的小巢。每一颗种子都包裹着一层 0.75 英寸长的薄膜,薄膜分叉的末端又紧扣着种子。这些种子就像衔着松籽的笼中鸟等着被人放飞一样，一旦获得自由，就可以飞走，去播种。

当风的信息已经深入种子的细胞的时候，种子也已经准备好了。根据达尔文的观点，阿方斯·德·康多尔声称，不开放的果实里面从未发现带翅状膜的种子。这层翅状膜生来就是用来飞翔的，它与种子是脱离的，你可以把它们剥开，取出种子，就像我们打开手表的水晶玻璃一样。

太阳和风是将这些果实打开的重要因素。果实落地后在地上跳了两三下，随着一声脆响，就裂开了。这种情况在整个冬天随时随地会出现。裂开的果实躺在地上，卷曲的细瘦的种子对着天空，风会把种子从果壳里带出来，把它们吹向远方。如果恰巧遇到的是无风的天气的话，种子散落到地上，会快速地旋转。只要有一点风，它们就多多少少地向一边倾斜，稍微移动一点。这常常会让我想起一些深腹鱼，一种灰西鲱或是鲥鱼，它们的侧鳍和尾巴向一旁弯曲，整个身体都变成了一个鳍。它的作用不是像鸟那样用来飞翔，而是帮助身体在激流里保持方向。每年都会有很多的棕色鱼通过这样的方式进行短距离迁徙。

自然总是通过最简单的方式来达到目的。如果她让一粒种子稍稍偏离落地点就能传播的话，也许只需要把种子变成边缘薄薄的一个圆盘。但这会有些不平衡，在降落时就会出现部分失重的现象。随着时间的推移，种子如果想要到达比从松树顶端到地面更远的地方，那么可移动的边缘（也可以叫作鳍或翅膀）也许就会加在这个简单的形状上，从而形成进化。

油松是一种多籽的树种，枝叶很容易生长。在油松还是小树的时候，有时还没有长成2英尺高就开始结籽了。

我注意到，因为有的土壤贫瘠而有的坚硬，所以这些树木的存活率很低。因此，它们不得不长出更多的果实。在山顶的一片岩石上，长有一棵只有3英尺高、树冠直径只有3英尺的油松，我数过它上面结着的果实，共有100多粒不同年龄的锥形松果。既然已经生长在这片岩石上，那么这棵油松的首要任务就是不管条件多么恶劣都要开出无数的花朵，以便能够完全占有这片领地。

米修曾经发现："如果这些树是成群地在一起生长的，那么树干上就会零零散散地结着果实，成熟以后的第一个秋季种子就会掉落下来；但如果它是独自生长的，那么就会有四五个或者更多的果实结在一起，封闭几年，种子都无法掉落下来。"外部条件决定了油松会结出多少种子。为了避免一阵大风把种子吹到很远的地方，油松种子并不会立刻掉到地上，否则就太浪费了。人们注意到，在茂密的油松林中，如果有很多棵树长得差不多高，那么它们可能是从同一阵风吹来的种子里长出来的。你经常会发现这些种子是从哪棵树吹来的。我设想着，这些种子像下雨一样，密密麻麻地掉落在地上，落到二三十杆[1]那么远，就像播种者用手撒播谷物一样。

有时人们会剪断许多小油松，只剩下老的雌油松树继续生出种子来。这些老树平时很少受到人们的关注，一直默默生长了十几年。

有一天，我路过一片油松林，注意到一些小树苗在牧场上长了出来，它们的种子是被风从松林里吹过来的。其中，有棵幼苗是从今年的种子里长出来的，刚刚从草皮中冒出来。起先，我还误以为是一块新苔藓，走近一看，发现它就像一颗放射着光芒的小绿星，直径有半英寸，高 1.5 英寸，直直的。这样长寿的树竟有如此娇嫩的开始！明年，小油松会变成更大的星星；几年以后，如果没人打扰的话，这些小树苗就会改变这里的自然面貌。对于牧草来说，这些苔藓样的小星星又是多么不祥，因为它们宣告着牧草的终结！因为这片地会由牧场变成森林，因为不仅苔藓和草籽会落在这里，油松籽也会落在这里。这些现在看起来像苔藓一样的小幼苗，也许会变成大树，并活上两百年。

与五针松不同的是，油松在整个冬天都会结出果实，然后慢慢地散布种子。种子不仅会被风吹得很远，而且会随着冰雪向

① 英制长度单位，1 杆＝16.5 英尺＝5.0292 米。

更远的地方滑去。我经常想，雪的表面，特别是结成冰壳的雪的表面，它最大的特点就是光滑无比，非常有利于落在它上面的种子的传播。我曾做过多次丈量，发现雪地里最远的松籽和最近的松籽之间的距离与牧场最宽的地方的距离一样。我也曾发现，种子通过这种方式飞越了我们这儿的一个半英里宽的池塘。我觉得种子很有可能被吹得更远。在降落的过程中，它会被牧草、杂草、灌木牵绊。种子好像乘着爱斯基摩人的雪橇，直到失去了翅膀或遇到无法通过的障碍的时候，才永久地安顿下来，长成松树。大自然每年有她的种子雪橇任务要做，我们也一样有我们的任务。在下雪结冰的地方，比如我们这里，这种树可以逐渐向外扩散，从大陆的这边延伸到那边。

7月中旬，我发现上面文章中提到的池塘边，正好位于高水位线的下面，长出来很多小油松。它们从岩石、沙子和烂泥中钻了出来。这些种子是由风吹过来的。在池塘边，有的地方长有成排的松树，最多在15～20年之后，它们就会把冰冻的堤岸覆盖。

我发现，在草地上修筑的铁路上面最近长出一棵小油松，离最近的松树只有60杆远，这样的情况是普遍存在的。我还看见过我自己的院子里长出过一棵单个的油松，离它最近的同伴也有半英里，它们之间隔着一条河和一个深谷，还有几条路和篱

PINUS SYLVESTRIS

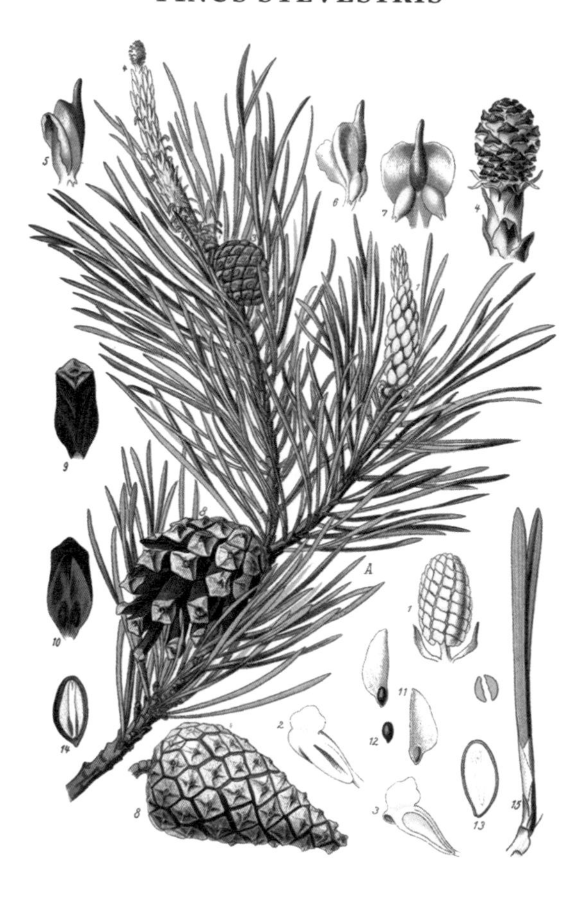

—— 松树 / 欧洲赤松 ——

当农夫正在挖土豆和收获谷物时，他很少会想到在油松林里，还有另外一场丰收，那就是松鼠们此时也在邻近的松林里采集松果，甚至比农夫更加忙碌。

PINUS SYLVESTRIS

笆。尽管如此，它还是从院子里长出来了。如果没有人注意它的话，这棵油松很快就能在院子里繁衍下去。

每年都会从松林里吹来松籽，落在不同土壤条件的土地上。当条件合适时，特别是当土地下风方向没有植物，或者这块土地最近被清理过、开垦过或者燃烧过时，松树便会成长起来。

有个人曾经告诉我，下面这种情形经常会出现：他种植了很多松树，当把这些树砍掉以后，橡树会像灌木丛一样长出来。他把树砍了，又烧了地面，再种上裸麦，但由于三面被松林环绕，结果第二年长得很茂密的松树就把整片地给覆盖了。

松鼠也能帮助油松散布种子。我注意到，每个秋天，特别是10月中旬，有大量的油松枝被啃落在地，它们有3～4个杈，累积在地上有0.5～0.75英寸那么厚。今年我数了一下，一棵树下就有20根松枝，这种情况在所有的油松林里都可以见到。很明显这是松鼠干的。我一直没有机会查明松鼠这么做的原因，所以去年秋天我决定把这件事调查清楚。

为此，我想了一个晚上。我告诉自己，如此普遍而又有规律的事情，绝不会是意外或反复无常的现象。这种现象在有身形较大的松鼠和有油松的地方都能看到，说明这一定与动物的某种需求有关。我想自己的生活必需品是食物、服装、住所和燃料，而松鼠只需要食物和住所。我从没发现松鼠用这些树枝来筑巢，因此，我推想松鼠咬断树枝是为了获取食物。由于油松上挂满了它们喜欢吃的松果，我很快得出结论：松鼠把这些松枝咬断是为了获取那些松果，而且这样的话也更便于它们搬运。我做出这样的推想之后不久，便知道了答案。

几天后，我经过一片油松林，跟平时一样，地面上到处散落着松枝。我注意到一根11英寸长、直径半英寸的断枝躺在两个松果之间，其中一个松果的枝干被弄断了。在离这片小树林几杆外的开阔地面上，我看见三根松枝放在一起，被扔在了一旁。其中一根恰好2英尺长，在1英尺多长的地方被折断，下面还结着三个松果，其中的两个松果在一截分枝上，另一个在另一截分枝上；另外两根树枝中的一根要更长一些。

这个观察更加证实了我理论推想的合理性。这些松鼠把结着松果的松枝拖到它们感到更便利的地方，要么立即吃掉，要么储存起来。如果你看到它们拖着这么大的树枝的话，你一定会感到吃惊。一个邻居告诉我，他见过一只灰松鼠，它可以拖着麦穗跳过谷场破损的窗户，再蹿到房顶上，也可以拖着麦穗爬到更高的榆树上。

在树林里，你看到大多数散落的树枝都要小一些，上面是单个果球，树枝是紧挨着果球而被折断的，这样，摘果球和运送就会显得更为方便一些。通常这些树枝是在秋天被折断的，这个时候只有少数油松会结出松果。在树林里，我经常看到这种繁殖力很强的油松的绿色树枝，散落在树下棕色的土地上。

松鼠对它们赖以生存的这些树木进行这样粗暴的破坏，实在是令人惊讶。我常想，如果这些是果树，并且属于我，被松鼠进行这样的掠夺，我会是什么感受呢？一定会被气得大喊大叫。但这对油松可能是有一定益处的，即便它们遭到这样的破坏。

在绝大多数情况下，毫无疑问松鼠只想把松果单独带走。但也可能一只强壮的松鼠更愿意只用一次就带走 3 个松果和小松枝，这样的话就免得跑 3 次。我经常看到，松鼠受到打扰时会扔下松果。有一次，我还数了一下，有 24 个新鲜的、没剥开的松果被扔在田野里一棵独自生长的松树下面，很显然这是准备运到其他地方去的。

去年 10 月[①]，与往常相比有所不同的是，碰巧我没有看到这些松果被吃掉或是被剥开。我的结论是，大多数松果一定是被松鼠藏在树洞里，或埋在它们居住地的下面，也可能其中一些坚果被单独埋藏起来了。

想一想松鼠们在 10 月是多么繁忙！在美国的每一片油松林里，松鼠都在做着折断松枝和收集松果的事情。当农夫正在

① 梭罗在《马萨诸塞州报告》里提到，那是 1860 年。

挖土豆和收获谷物时，他很少会想到在油松林里，还有另外一场丰收，那就是松鼠们此时也在邻近的松林里采集松果，甚至比农夫更加忙碌。

通过这种方式，松鼠甚至能把松树的种子散播到田野中的每一个地方。我经常看见，在广阔的田野里有一两个油松果，它们是被松鼠在攀爬某棵树，或者某面墙，抑或某个树桩的时候扔下的。更常见的是在篱笆边上，松鼠要从树林里穿过很长的距离才能到达那里。有时，松果在整个冬天都会被埋在雪里，直到冰雪融化，感觉到阳光温暖的时候，它才会裂开，开始散播种子。

油松有坚实的茎，直径通常是 0.25 英寸，但没那么长，这使得采摘很困难。尽管很难操作，但你能看见地上每个这种新鲜的松果，都是被松鼠折断采摘的，上面还留有它们的齿痕。松鼠把树枝弯曲、折断，用不了几下就能把它和树干分开。

松鼠采集好果实后，就坐在篱笆上或其他栖息的地方，从松果的根部开始啃咬松果的瓣片，一片接着一片地吃着，直到把所有的种子都吃光，只在顶部剩下几瓣没有籽的。被啃光的松果看上去就像一朵漂亮的花，如果要用刀去雕刻这样一朵花，恐怕需要花费很长的一段时间。

对松果进行采集和剥皮是松鼠家族最拿手的事情，也是它们的专长。我们很难提出其他任何更加完善的建议，因为松鼠家族已经把它演绎得淋漓尽致。也许经过了多年试验，松鼠靠本能便弄清楚了方法，就像我们用智慧一样。但是，它们发现松果里有松籽一定比我们人类要早很多。

仔细看看这是怎么发生的：如果没必要的话，松鼠不会用爪刺、胡须探测，也不会啃坚硬的松果壳。它先把挡道的小树枝或松针清除掉，有时甚至把小树枝的冠部也清除掉。它就像一个熟练的樵夫，先审慎确保有足够大的空间和范围，再用那凿子般的利齿把松果的茎部整齐地去掉，之后，这松果就属于它了。为了更保险一些，松鼠可能会把松果放到地上，仔细地观察一会儿，好像这“不是”它的松果一样，但也可能是在思考松果应该放在哪里会比较好。想好之后，它把松果的样子储存到大脑里，与曾经积攒的很多松果一起，只有如此，它才好像不那么漫不经心了。到剥开松果的时候了。它把松果捧在手上，松果既硬又凹凸不平，用牙齿咬的时候很容易打滑。松鼠就先停顿一下，也许不是不知道怎么下手，而只是听听风中的信息。它完全懂得不能从尖的地方开始往下咬，如果这样咬的话会碰到许多深的瓣片和刺。不管是在什么年代，当松鼠不知道从哪儿下手剥开松果的时候，那就算不上什么黄金年代了。真的！它知道从许多盾牌般的瓣片那里开始啃。松鼠不需要多想，当完全听完风的信息之后，便立刻把果实翻转了个底朝天，从瓣片最小、刺最少的地方或没有刺的地方开始啃。果茎被折得特别短，不会妨碍松鼠下手，其与松枝之间连接的地方恰恰也是最脆弱的地方。松鼠每次将又薄又嫩的瓣片的底部咬破直至碎裂，马上就会有几粒种子滚出来，光溜溜地在那儿躺着。因此，一旦松鼠剥开了果壳，就很容易剥开瓣片。松鼠做这一切的时候动作很迅速，你根本看不到它在干什么，只能看到快速转动的松果，除非你把松鼠赶走，来检查它尚未完成的工作。剥完一个松果后，松鼠把这个松果往一边一扔，又向另一根油松枝跑去，直到将很多堆的瓣片和那些形状有趣的松果留在雪地里才肯罢休。

去年4月，在李家崖顶的一片小树林里，在一株小油松的下面，我发现了一大堆这样的松果，这显然是红松鼠在上一个冬天和秋天留下的。那些高出地面1～2英尺的枯树桩，就是它们的落脚点。那儿可能还有一个它们藏东西的洞。我数了数，在这棵树下，一共有239个松果，它们大多数躺在约2平方英尺的地面上，瓣片堆得有2英寸厚，直径有3～4英寸，说明这是由一只松鼠或者是好几只松鼠在剥松果的时候留下来的。它们把松果带到树桩上来吃，一旦遇到危险就可以钻进附近的洞里。在周围的松树下面，还有许多相似的松籽。松鼠们好像已经把那边油松林里的松果吃光了。除了它们，还有谁能对这些果实更有占有权呢？

每年，红松鼠就是通过这样的方式来收获松果的。它身体的颜色和松果的颜色非常接近，它能熟练地剥开松果，然后理所当然地享用里面的松籽。松籽就是留给那些能打开它们的动物吃的。至于新植被的种子，大自然会有所安排，即使是从松鼠餐桌边掉下来的碎屑，也已足够。

这就是油松繁殖的主要方式，我知道它们的很多历史。

观察树林里的任何一种植物生长，都是一件令人愉快的事情。贝克·斯托沼泽地的西北方向有一块空地，我曾去那里采摘黑莓。我注意过那里的油松是怎样开始生长的。我也经常注意到，它们自从发芽以来，便给这片平原披上了外衣，散落得好像艺术品一样。开始的时候，小松树像栅栏一样在道路两边排列着，它们长势茂密，在这片广阔的天地里相互依偎着，直到永远。

在詹姆斯·贝克家的后面，也有一片油松林，我记得以前那是一个光秃秃的牧场。10 年前，那里已经是一片广阔的油松林，我到那里散步的时候常常需要折断又长又宽的树杈，才能在树木之间穿行而不惊动暴躁的看家狗。它虽然看不见我，但我却能听到它的铃铛声。在这片令人愉快的树林中间，有开阔平坦的地带，一半是田野，一半是树木。在郊外，树木要分散许多，树的间距较大，地上堆满了松针，像一张地毯一样，里面混杂着野草、黄菊、金丝桃、贯叶连翘、黑莓藤和小松树；往深处走，还有盛开的石竹花、芍兰；再往里走，你就能看到一块块被苔藓覆盖的土地，干燥的、深厚的、白色的地衣，或者光秃秃的半盖着松针的霉菌。

我不会忘记深谷东边茂密的油松林。我记得，那是一片开阔的草地，以前有鸽子住在里面，我也曾经在那儿采摘过黑莓。我们把那里叫作画眉谷，因为在炎热的天气里，总是能够听到画眉在树荫里放声歌唱。在这几片曾经是牧场的树林里，我听到过画眉的歌声。

谈到五针松，你已经观察过在高高的树顶上结着镰刀状的绿松果簇，高得人都够不着。9 月中旬，这些果子变成棕色，在太阳和风的作用下裂开，和油松一样，种子散布得又远又广。

我们对那些用不上的果实的观察是多么少啊！有多少人注意过五针松种子的成熟和散布呢？在果实丰硕的时间里，即 9 月下旬，从 6～10 英尺高的树顶向下悬挂着深棕色的果实，那些松果刚刚裂开，在 60 杆外也能看见它们。这样的景色值得跑到比树林更高的地方向下望，去观察我们通常不了解的果实成熟的场面。我有时会到五针松林里走一走，只是为了看一看它们的果实，就像农夫在 10 月查看自己的果园一样。

这些种子都在 9 月落下，除了最高处的一小部分仍然继续留着之外，都沾在了松果上。对于油松，这种情况至少有一个优点，因为通常那些种子留在高耸的树顶，当它们落下的时候，会被风吹到更远的地方去。

五针松比油松结的果少。有人会说，虽然油松移植更难，但油松会产出数量巨多的种子，整个冬天都在往下落，因此，油松在传播着种子，维护着它的阵地。然而，记住一点，五针松在这里占用了很多地方，因为它们不仅在广阔的土地上生长得很好，而且能在树林间生长，这点比油松更占有优势。

不过，1859 年的秋天，五针松结的果特别多。我观察到，这种现象不仅在这个镇，而且在这个地区的其他所有地方，远至伍斯特，都有出现。从半英里之外，我都能看见累累的棕色松果。

我常常看见，在小松林中，或在附近的地方，有几棵长得又大又老的树，可能有 30 年或 40 年的样子，而这些树的种子，好像已经成长起来并超过了它们，就像孩子围绕着父母，而第三代松树则出现在更远处。

五针松种子掉落的季节很短，这是一个不利的因素，但它的种子会被风吹到与油松传播种子的距离不相上下的地方。我经常走过一些潮湿的、长有灌木的草地，它们位于广阔土地的中间，那里会被小五针松迅速填满。五针松的种子至少已经被风吹过 50～60 杆远，现在它们正迅速蔓延至费尔黑文山丘的北部，尽管近期长出松果的松树距离河对岸有30～60杆远。我还注意到，越过埃布尔·惠勒0.25英里处，顺着角落的路看过去，那是一片很空旷的土地，无数的五针松靠南墙生长着，这一定是由从东边50杆外的哈伯德小树林吹过来的种子长成的。我观察了一下镇里其他的地方，情况也较为相似。这些五针松就像塞瓦斯托波尔的法国士兵一样，一直非常谨慎地前行着。不久以后，我们就开始看到小树枝在向我们挥手致意。

最后是一排长得大小不一、还常被人打扰的树，它们是由一些被墙挡住并受到保护的种子长起来的，那些种子是依着墙长起来的。我发现，不管数量多么少，它们飘浮的原理跟雪都是一样的。实际上，我很高兴这个小镇所有的地区都和结籽的松树相距不远，种子被吹到哪里，松树就在哪里开始生长。那些我们能够看得见的，生长在远处被人遗忘在草地上的和生长在篱笆边上的松树，都显示着它们不依赖于人们的刻意种植，就能出现在所有可能出现的空间里。为了避免它们覆盖整个村子，我们需要拿起犁、铲和镰刀。这些松树刚开始生长得很慢，但当它们长到4～5英尺高的时候，则在此之后的3年里常常能长出7英尺。

许多年来，每天沿着这些路行走的人，也就是所有者本人，并没有注意到有许多松树已经生长出来了，他更没注意到松树是从什么时候开始在这里的，不过至少他的子孙后代知道他曾是这一大片五针松林的拥有者。很久以后，作为种子来源地的树林会逐渐消失。

在大自然漫长的历史中，创造和改变不会特别快速地成功，但总是会坚定不移地走下去。在一大片松林里，也许每年会掉下上百万粒种子，但如果只有一小部分被传播到 0.25 英里之外，在篱笆边安营扎寨，而它们中仅有一粒种子发芽生长，那么在15～20年内就会出现 15～20 株小树，它们独自形成一道亮丽的风景，并显露出自己是从哪里来的。

无可置疑，通过这种偶然的方式，大自然最终为我们创造了一大片森林，尽管这好像是大自然想到的最后一件事情。用柔弱隐秘的步伐，用地质学的速度，大自然穿越了最长的距离，做成了她最伟大的作品。如果有谁觉得这些树林是“自发生长”的，那么这种想法本身就是一种无知的偏见。科学告诉我们，没有任何突然出现的新事物，所有的一切都是根据自然法则稳步发展的结果。松林来自于种子，这就是说，是自然法则的作用导致的结果，尽管我们可能并没有意识到它们正在作用着。

“小小的打击，大橡树倒下”，这句话出自一个小孩子之口，这并不意味着充满多少智慧，因为斧子的声音会吸引我们对这类灾难的注意力。我们可以很容易地把斧子砍树的声音分辨出来，周围所有地方都能听到大树倒下时的轰隆声响；但很少有人会想到小树苗正以不同而重复的方式长成大橡树或大松树，很少有路人会听到它们的声音，或者转而与不断创造着这一切的大自然对话。

大自然有条不紊地进行着自己的工作。如果她必须长出一片水芹或萝卜，速度就会比较快；但如果必须长出一片油松林或橡树林，速度可能就会慢下来或者完全停滞着，显得如此从容不迫和安心。大自然知道，种子除了繁衍它们自己之外，还有很多别的用途。如果今年的收成都很糟糕，或者松树都没有结籽，那么，不用担心，未来还有好多年呢！松树或者橡树本来就不用像梨树那样，每年都结果。

然而，自然对松林的培育速度并不比我们所感觉到的慢。你一定见过，突然之间，有时甚至感觉速度快得让人来不及数，小五针松就已经在牧场或者空地上发芽了。小森林就这样快速地改变了地貌。可能去年你会观察到那里长有一些小树，但明年你就能看到一片森林。

就像达克斯伯里在1793年的《麻省地方志》中所说的那样："塞缪尔·奥尔登上尉记得小镇里的第一棵五针松，他在12年后去世。现在覆盖林地中80%的五针松大概都是从那儿发源的。"鸽子、五子雀和其他鸟类，大量地吞食五针松种子，如果嫌风力还不够的话，鸽子就会把松籽带到田里，其速度比火车头还快，这样五针松就被带到了以前没有它们的地方。

如果这是你一生中第一次在这附近收集五针松籽，你可能需要对红松鼠的工作有所了解，每个人都应如此。就像我所说的，这些种子在 9 月成熟，松果裂开之后，种子很快就会被风吹散。但松果一般都挂在树上，只有大风吹过时才会出现偶尔落下的情况。如果你在那儿等着，恰好看到一个果球从树上落下来的话，那么你一定会发现它是空的。我想我可以很大胆地说，这个镇子里每一个落下的五针松果，如果没有裂开而且里面还有种子的话，那就是被松鼠折断的。它们早在松果成熟之前就开始采集了。松鼠们根本等不到它们成熟，当松果没有裂开，通常还很小的时候，就把它们连枝折断了。我想，确切地说，那是松鼠故意计划好的。松鼠早早开始采集的一部分原因就是防止松果成熟后裂开、种子散落。一到冬天，松鼠就会扒开雪把落下的松籽刨出来。大部分的松果就是这样被松鼠很快地带走了，搬到洞里的时候还新鲜着呢！

当松籽超过一年或两年还没有发芽，一般被认为靠不住了，但劳登说：“大多数树种的种子，只要藏在果实里，几年之内还是具有生命力的。”松果里很少有完好的种子，松鼠只是偶尔种下一株油松，同时也给自己存储了食物。这就解释了为什么多年来没有种子落下的地方，会突然有一株松树生长出来。我经常看见五针松的松果被带到很远的地方。如果你在9月下旬穿过五针松树林,就会看见地上散落的都是青涩的松果,而留在树上的松果全都是裂开的。在一些树林里,所有的松果都散落在地上。

8月和9月初,松鼠们在五针松树林里,忙碌于折断松果。松鼠们非常了解松树的特性。或许它们也分别地存放了松籽。到9月中旬,落在地上的松果几乎都被它们剥开。它们从松果的底部下手,和对付油松果一样。但很多五针松果被折断得晚了的话,就根本不需要剥了,它们自己在地上就已经裂开了,种子散落出来。

在我开始收集五针松籽的第一个季节里,我在这方面还没有经验,像没有裂开的五针松果一样青涩,我采集得晚了。第二年,我的所有收成都是靠松鼠们帮忙完成的,但很多松果还没有成熟。第三年,我试着和松鼠比赛,趁着天气好的时候就爬到树上去。听一下我的经历吧。

1857年9月9日

我去树林里采五针松果。只有少数的树上还有松果,而且都挂在高处。我能够轻松地应付那些15～20英尺高的小树。我爬上树,直到我的右手能碰到那些摇摆不定的带刺青果,同时,我用左手抱着树干。但当我摘到一个松果的时候,麻烦也随即而来。松果上到处都是松油,我的双手很快就被松油包住了,以至于想把战利品再往地上扔都很费劲了，松果已经粘在了手指上。还好我终于能够从树上下来，把松果捡起来，我不能用沾满松油的双手碰我的篮子，只好用手臂挎着它。我也不能捡起我脱下的外衣，只能用牙齿咬起来，或者用脚把外套踢起来，然后用手臂接住。就这样，我从一棵树走到另一棵树，时不时地在小溪中或泥坑里搓搓手，希望能找到一些能去除松油的东西，可是一无所获。这是我做过的最棘手的工作，但我还是坚持下来了。我没看见松鼠是怎么把松果啃下来，然后一瓣一瓣地剥开，还能保持爪子和胡须干净的。它们一定还有我不知道的防油方法。怎么没人告诉我这个好方法呢！如果我能够与一个松鼠家族取得联系，让它们帮我摘取松果，那得有多么快的速度呀！或者我最好有一把 80 英尺长的剪刀和一架起重机可以使用！

用了两三个下午，我采集了 1 蒲式耳[①]的松果回家，但我还没得到种子呢！松籽被很好地保护着，比带刺的栗子还要安全。我必须等，直到它们裂开，随后，我手上还会再次沾上松油。

这些放在室内的青涩松果，有一股烈酒味，有点像朗姆酒，又有点像蜜糖桶的味道，有的人可能会喜欢闻。

总之，我发现采松果是一件并不怎么划算的事情。通常，松

---

① 英制容积单位，1 蒲式耳＝8 加仑＝36.3688 升。

树结的松果也就只够松鼠吃。铁杉和落叶松的种子一整个冬天都在往下落,它们和油松籽的散落方式差不多。许多铁杉籽就在树下的水面上漂浮着,因此,我很容易看出它们是从什么时候开始落籽的。

根据目前已经观察到的,我发现,如果某一年针叶树结的籽比较多的话,那么它们第二年结籽就会较少,或者不结籽。1859年,五针松、铁杉和落叶松结籽特别多,以至于北方以这些种子为食的鸟,像朱顶雀、黄雀等,也特别多。第二年春天,我有生以来第一次在这里看见了交喙雀。实际上,我觉得,我可以凭借这片林子里鸟的数目,推测这一年是不是丰收年。然而,在1860年,我却没见到一个新鲜的铁杉果或者落叶松果,我也不确定那年是否见到了一个成熟的五针松果。同样,在那个冬天,我也没见到任何一只上面提到的鸟。

在1859年和1960年以前的冬天,我看到大群小朱顶雀在吃铁杉籽。铁杉那圆锥形的树顶上,结着很多果实,看起来生机勃勃。铁杉树下,冰雪覆盖的阿萨贝特河上散落着由风和小鸟散布的松果、瓣片和种子,看上去黑压压的一片,上面还有被吸引来的朱顶雀、山雀和松鼠出没,这是为它们准备好的丰盛的过冬美食。新雪降落,覆盖了旧的一层,接着就会落下新的一批松果,在无痕的雪面上,松果更容易吸引眼球。在整个冬天,这种

BETULA PENDULA

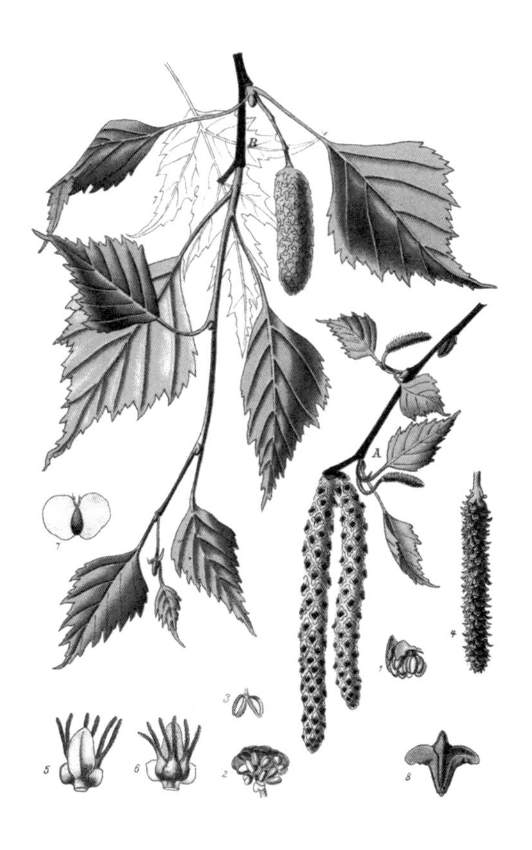

——— 白桦树 ———

桦树籽从10月开始落，能持续整个冬天。这和其他所有的树种很相像。最普通的果实，比如小白桦的果实，包括无数悬垂的圆筒形的柔荑花序，由鳞状的瓣片组成，每个瓣片下有三个带翅的种子。

BETULA PENDULA

情况时有发生。

一天，我正站在那儿，飞来一小群山雀。跟往常一样吸引我的是，它们大胆地在我附近栖息下来，接着，又飞到冰雪上，采集它们周围的铁杉籽，偶尔抓起一粒籽飞到小树枝上，埋头研究一下爪子下面的松籽，试图把松籽从松籽壳里挑拣出来。我还看见过同样的一些鸟儿，落到了雪地上的无籽的油松籽果壳上，随后，又失望地飞起来。无疑，除了铁杉籽外，它们还吃油松籽。

一个老猎人告诉我，3 月会有大群的鸽子停落在铁杉树顶上，他认为它们是在吃铁杉籽。

在接下来的 4 月，我看见交喙鸟，也同样地在铁杉树上和树下忙着觅食，这是我第一次看到这种鸟。

同一个冬天，我看见成群的朱顶雀，从落叶松果里采摘种子吃。它们栖息在硕果累累的小枝头上，摇晃着，在松果上啄食，一会儿吃这个，一会儿吃那个，有时会啄起种子快速地吞咽下去。朱顶雀啄食落叶松籽，同时也帮着散布种子。

我看见了小铁杉树和落叶松在合适的土壤中生长。这是风把种子吹到了那里，就像它传播油松和五针松的种子一样。不过，这些树不太容易引起我的注意，因为在这附近，这些树相对来说比较稀少。有一天，我看见草地上有很多小落叶松，很明显，它们是从马路对面很远的地方吹来的种子里长出的。

云杉的果实直到第二年的春天才裂开。然而，在 11 月，我看见松鼠把它们剥开的样子，就像剥松果一样。

威尔逊和其他人都说，吃松籽的鸟中有交喙鸟，它们的嘴形是为了用来剥开松果而专门长成的；还有红肚子的五子雀，紫色的燕雀，棕色的旋木雀、山雀、松鸾；除此之外，红顶雀和鸽子也位列其中。

桦树，是我们这个州常见的四种树之一，能结出很多有翅的果子。10 月中旬，一些叶子变黄的桦树上，粗短的棕色果球与树叶的数量差不多。在天空的映衬下，整棵树都显得黑黑的。

桦树籽从 10 月开始落，能持续整个冬天。这和其他所有的树种很相像。最普通的果实，比如小白桦的果实，包括无数悬垂的圆筒形的柔荑花序，由鳞状的瓣片组成，每个瓣片下有三个带翅的种子。虽然与松柏科树木不属于同一科，但桦树的果实与松柏的果实特别像，所以人们常常给它们起同样的名字，称之为松果。我发现油松果现出 13 片瓣状排列起来的螺旋形线条形状，白桦果实的瓣片也是这样的，你可以随意数一数瓣片中间突出的线条，就能够证明这一点。这很值得我们琢磨一下，在这些情形下，大自然独爱“13”这个数字的原因所在。

所有桦树果实的瓣片都是三叶状，像一个典型的矛头；并且这个树种的瓣片非常有趣，形状就像展翅的鸟儿一样，与田野上翱翔的鹰很相像。当我看到脚下的这些果子的时候，它们总会提醒我想起那些鸟儿。

这些果实不仅与有翅膀的动物特别像，而且它们包裹着的种子的形状跟鸟儿也特别像，这样，风一吹，它们会飘浮得更远。事实上，被风吹起来的时候，种子能够很容易地从瓣片上分离出来。种子很小，是鲜艳的棕色，两边分别有一双透明的宽大翅膀，前面有两个小的深棕色花柱，就像长着触须的昆虫。它们飞过的时候，特别像棕色的小蝴蝶。

当果实完全成熟干燥以后，如果风吹过或摇晃树木，这些瓣片和种子就会像谷壳或米糠一样，纷纷脱落下来。最初常常是从果实根部开始的，然后在整个冬天里慢慢地掉落，只留下光秃秃的线状果核。这样的话，桦树的果实与松树的松果不同，整个果实就不再完整了，而是分裂开来。

每个柔荑花序，长 1 英寸、宽 0.25 英寸，里面有成千上万粒种子，这完全可以在 1 英亩的土地上，以 7 英尺为间距，种满桦树。毫无疑问，许多单棵树上的种子足够种面积数倍于康科德的土地。以这样的比例，你可以将能种满 1000 英亩的种子，放在 3 英寸见方的盒子里。

种子很小，又特别轻，如同糠皮。因此，它们要旋转很多次，才能平稳地落到地上。在大风天气里，它随风飘浮，如同一粒尘埃。它会立刻从你的视线中消失，像那些小昆虫，印第安人称它们“不会再见”。

有些种子伴随着很轻的响动声而落到了地上；而其他的则留在小树枝上，不停地摇晃着，直到最早的春风拂过。突然一阵风吹来，这些桦树的种子，甚至更重一些的种子，一定会被风带到最高的山丘上，我这里说的不是山脉。很显然，正是凭借着春秋两季的风力，种子才得以传播。阿方斯·德·康多尔引用洪堡的说法，布斯林高特曾见过被吹到5400英尺高的种子在邻近的地区落下，很明显他所指的就是阿尔卑斯山区。我想，在冬天，在大风时常刮起的天气里，或者在春天，在这个地区的任意一个地方，我都可以设置一个捕捉圈套，用它来抓住一些飘浮在空中的桦树籽。

很显然，桦树籽是北方的“谷物”之一，大自然把它播种在雪上，就像人们用种子来播种一样。第一场雪刚刚降落，我就开始观察这些漂亮的鸟状的棕色瓣片，还有带翅膀的种子，它们被吹到有着无数浅薄土层的山谷里。事实上，整个新英格兰地区到处都飘浮着桦树籽，它们几乎穿过了所有的树林和许多的田野，好像很有规律地被筛下来了一样。每一场雪都会被它们再度覆盖，这可是鸟儿们能够轻易获得的新鲜盛宴。在这个地区的树林里，想要找到一大片完全没有桦树籽的区域，那是很不容易的。这些种子传播了上百英里，散布在地球上的很多地区，比如鲍克斯巴洛、剑桥等地，它们就在行人的脚下，不过，很少有人能辨认出它们。

任何用心研究过新英格兰雪堤的人，可能都会说出桦树籽确定的数量。当桦树被折弯或震动，或者被林区小径上跑过的雪橇碰上的时候，你经常会看到白雪和桦树籽被卷起，非常漂亮，漫天飞舞。

和松籽一样，桦树籽也会被吹到很远的雪上。1856 年 3 月 2 日，我沿着普里查德先生的领地，往河的上游走，相对而言，在这一带的河岸和附近的田野里，树木较少。我惊讶地发现，有许多桦树的瓣片和种子漂浮在河面的雪上，虽然雪是最近刚降落的，那里的风也不太大，但大约每隔 1 英尺的地方就会有 1 粒种子或 1 个瓣片。而距离最近的桦树在 30 杆以外的墙边，一排一共有 15 棵。我离开河岸，走向那排树，种子变得越来越多，到离桦树 6 杆远处，它们完全地把白雪的颜色给遮盖住了。可是在桦树的另一边，或者说是桦树的东面，一粒种子也没有。这些树的种子还没有降落下 1/4 呢！当我回到河边，看到 40 杆外的种子，或许在一个更好的方向上时，我可能会发现桦树籽落得更远。一般来说，引起我注意的主要是瓣片，纤细的带翅的种子很难被辨认，它们可能是从瓣片上被吹掉的。这些都告诉我们，大自然是在多么不遗余力地传播种子啊！即使在春天也没有停歇，桦树、赤杨和松树的种子都在传播，其中很大一部分种子被吹到了远处，落到了河流上游的山谷里。当河水上涨的时候，它们就被带到远处的堤岸和草地上。我通过试验发现，尽管瓣片会很快地沉入水里，但种子却能在水上漂浮很多天。

我注意到，与之相应的是，在草地附近的地方，河水涨落并不是很明显，桦树多多少少地在平行生长着。很明显，生成那些树的种子，是由某一次山洪或其他原因被带到山谷中的，而山谷中的雪通常是呈平行状起伏的。

去年夏天，我观察了几棵黑桦树的种子。黑桦树生长在一座大约60英亩大的池塘的一侧，种子已经漂浮到了另一边的岸上，并且已经在那里生根发芽，进入全盛时期。

显然，种子被风或其他媒介吹到池塘或湖面，除非沉入水中，不然，它们会漂到岸上。像这样，它们会聚集到一片相对小的区域。就是从那里开始，这些树木的后裔便会在陆地上散播开来。我不怀疑如果在我们林子中间也挖这样的一个池塘，在它的边上很快就能找到柳树、桦树、赤杨、枫树等树木的种子，尽管这些树以前并没有在附近生长。

阿方斯·德·康多尔说，杜洛引证了一个事实，根据这个事实，芥菜籽和桦树籽在新鲜的水里能保持20年的生命力。

你经常能看见白桦树，它们密集地、整齐地、一排排地在年久的林间小路的车辙上生长着。现在，它们已经成长起来了，它们的种子正在被风吹进长长的山谷里，又落在了车辙中的雪上。

桦树的种子就这样散落在乡间，如同一粒精致的谷子，或一粒尘埃。尘埃和种子很难区分，这也告诉我们，一直有一些更难以触摸的种子，比如真菌种子，它们是通过空气来扩散的，据此，我们了解了这一事实。

不奇怪，白桦是一种十分普遍而又独特的树。每年白桦树的幼苗都生长在很多被人忽略的地方，特别是那些地表被清理或者被烧过的地方。

有一天，我注意到，一棵只有1英尺高的小白桦在我屋前的主干道上长起来了。这棵小树在这个地方生根，看上去就跟它在波士顿国家大道上生根一样奇怪。它可能是被一阵大风吹来的，或者是从一辆马车上掉下来的。这说明，如果村庄消失的话，这个地区不久肯定会再一次被森林覆盖。

然而，在劳敦的《植物园》里有所记载，小白桦树“极少成群生长，单棵树之间的间距都很大”。这种说法在这个地区不太适用。由于桦树种子被不断地四处传播，土壤又很适宜，它们不但在空地上长得十分浓密，还在松树和橡树之间生长。所以，在这里非常普遍的做法是，当桦树开始腐烂的时候，它们就都被砍掉了，而生命力更强的树被留下了，它们只长到四分之一或一半，长得也很茂盛。如果种子落在了水里，它们就会随水波漂到岸上，在那里扎根发芽，虽然长期包围它们的水也经常淹没它们。

通常来说，当缅因州或其他北方地区的常绿林被烧之后，纸皮桦树是最先长起来的树，也是最普通的树。就像被施过魔法一般，这些树形成了浓密而广阔的森林。据记载，这些树“以前不为人所知”。但实际上它们是被遗忘了，并不是不为人知。这些桦树的种子多么丰富、轻快，桦树几乎遍布这个地区所有的地方。在过去 15 年内，我曾在与缅因州相距甚远的不同地方，上百次地在野外生火，我记得，每次随手点火用的都是桦树皮，这实在是一种普通的生火材料。

布洛杰特在他的《气候学》里写道：“在这些森林里，桦树有很多，就像在北极圈附近一样。在南纬 41 度的树林里它们也是很普遍的，无论在平地上还是在高山上。”这种现象在北欧和亚洲也是非常普遍的。

劳敦在谈到欧洲普通白桦的种类时说道：“根据帕拉斯的说法，桦树是遍布整个俄罗斯帝国最普遍的树种，从波罗的海到东海，在每一座森林或小树林里都能发现它们。”劳敦从一个法国学者那里也得知，在普鲁士，到处都种植着桦树，这是为了防止燃料缺乏所采取的安全措施。通过传播桦树种子，繁荣森林就有了保证。这样，桦树填满了每一处空地。

白桦树苗很容易通过移植得到。它们是最早吐叶的植物，所以容易被人察觉到。1859 年春天，我在一次散步的时候看到了一丛桦树，它们是上一年的树苗，在田地旁边的草丛里生长。我记得一个邻居想要一些桦树苗，就给他拔了 100 株，看它们是否能移植。我来到旁边的沼泽里，用苔藓把桦树苗包裹起来。再次碰到这个邻居时，我从口袋里取出包裹，把这 100 株桦树苗递给他栽植。一两个小时内我就可以采集 1000 株，但是我建议最好在移植前让它们再长上两三年，这样它们会更加耐旱。1861 年 8 月，我发现这 100 株树苗里有 60 株存活了下来，有 1～5 英尺高了。

桦树向来在开阔地和一些贫瘠土壤中生长，因此，在一些地区，桦树被称为“休闲的桦树”。

我经常看见新生的桦树林，在一大片土地上旺盛地生长着，它们只被人们忽略了 1 年或 2 年，它们的嫩枝就已经把这块土地都染成了粉色。令我更为惊讶的是，这一大片地的主人好像从未注意到上帝送给他的这份礼物，所以他决定要重新修整一下牧场，在休耕前再种一季黑麦。他把两岁的桦树林摧毁了。我不禁对此产生了兴趣，尽管他毫无察觉。已经同时砍倒了两种树，他可能还要再等 20 年，才能看见树林出现。如果他当时能够让它们顺其自然地生长着的话，那么他或许会拥有一片美丽的桦树林，那时 2/3 的木材都可以被砍下来。1845 年或是 1846 年，我从树林里折了一根长约 2.5 英寸的白桦枝，把它拿回家，种在了院子里。10 年以后，它比同时种的大多数桦树都要高大。

如果风不够大的话，我们可以依靠以桦树籽为食的各种鸟儿，它们摇落下的种子的数量是它们吞下去的 10 倍。当大部分种子都成熟时，大群的小朱顶雀就会从北方飞过来觅食，它们是我们这儿冬天最常见的鸟儿。它们在桦树上栖息，摇动、揪扯果实，接着就飞到大树下面的雪地上，忙着在小灌木丛中捡种子吃。虽然在树林中，只有数量不多的白桦和黑桦，但这些小鸟从很远的地方就能辨认出它们选择栖息的树顶。当我听到鸟鸣声，我就在附近寻找一株桦树，常常就能看见鸟儿在树梢上站着。穆迪说："看着一条山间小溪上，桦树长长的枝条摇摆着，鸟儿们在啄食果子，这一切是多么美好啊！这些枝条大部分有 20 英尺那么长，比打包用的绳子稍粗一些。有时在这些枝梢上能看见这些小鸟，它们就像钟摆锤一样前前后后地摇来晃去，忙着吃种子，从不会从栖息的枝头上摔落下来。"

我还看见黄雀，它们和朱顶雀长得差不多，吃桦树种子的方式也很类似。

暂时先不说树上的果实吧。我们看到一桌多么丰盛的宴席已经为鸟儿们摆好了，这场盛宴会持续一整个冬天，分散在乡村各处的雪地上。

赤杨的籽与桦树籽很接近，它们传播的方式也很相似，虽然赤杨籽没有翅状翼。它们在整个冬天都一直散落着，落在下面的雪地上以及灌木丛附近。赤杨籽的边缘既平又薄，比桦树籽更大一些、更重一些，可以被风吹得很远。当然，它们不太需要翅膀，因为它们沿着小溪生长或者在湿地里扎根，它们的种子在水涨上来的时候可能会漂走。但桦树的种子，虽然长有宽大的翅膀，却主要在旱地里生长，在干燥的山丘顶上是很常见的。这可以解释一个事实——在新英格兰北部地区的山地生长着赤杨树带有翅膀的种子。显而易见，这为更好地传播种子提供了便利条件，从一个山谷到另一个山谷，或者到更高的地方。

灰赤杨的种子最先会浮在水面上，不过后来便会沉入水底。我看见，它在春天的时候还在不停地散落着，四处漂浮。冰雪一旦消融，它就被冲到岸边灌木丛中。树木一般比较喜欢在这样的地方生长。因此，农夫们经常看到，灰赤杨的种子呈直线状在草地上散落着，正好就着河水的高水位线的痕迹。水涨得高时，它也会漂到浅湾中，在那里最后会形成一片赤杨林。

以赤杨籽为食的鸟也吃松籽。我顺着冰冻和多雪的小河往上走的时候，经常能看见小朱顶雀在河边吃赤杨籽，它们把种子从果球里挑出来，就跟它们吃落叶松籽和铁杉籽时一样，经常是埋头啄食。我还看见它们飞到树下，捡起掉落的种子，这可能是它们之前摇晃下来的，这样它们就在地上留下了蜿蜒的链状足印，呈两条平行线状。

我甚至还看到过松鼠吃赤杨籽的样子，它们剥果壳的时候就像是在剥松籽似的。这便充分表明了松鼠也可能以桦树籽为食，而桦树籽吃起来也很容易。

枫树籽属于另外一种类型，它可以通过风与流水进行传播，也可以通过动物携带种子进行传播。所有新英格兰地区的人们对红枫美丽的红果都非常熟悉，人们在我们这一地区的河边散步，在 6 月 1 日前后也可以观察到很多枫树硕大的果实漂浮在河上。白枫树的果实长约 2 英寸，宽约 0.5 英寸，叶脉裹在里面，边缘还连到翅状薄膜，就像绿色的蛾子一样，时刻准备飞离它们的种子。我注意到了它们落下的时间，大约是在帝蛾破茧之时。有的时候，我会在早晨发现它们与枫籽一同漂浮在河里。而糖枫树的籽需要等到深秋的第一场严重的霜冻之后才会成熟，一般是在 10 月份，很多的果实都呈悬挂状，直至冬日来临。

很早以前杰拉德对欧洲物种的记述就足够我们参考了。他在其中描述了花朵，又补充道："开花之后，生长出来的果实会一对一对地紧挨着，两个正好紧靠，一起吊在树上，果核就在连接的地方凸显着，就在那个位置，两个果实连在一起，再看其他的地方，又薄又平，像极了羊皮纸或者蚱蜢的内翅。”因为叶脉非常清晰，所以它们与松籽比起来要更像翅膀。

在每一棵枫树上都生有看起来如同昆虫翅膀的薄膜，它长在种子上，包裹着种子。之后，种子就会将这里作为大本营，从而生长在里面。实质上，一般情况下，薄膜发育得很完美，就算是种子长势偏差，薄膜也不会受到影响。这时你就会说，与其说是大自然提供了将被传播的种子，还不如说实际上是她为种子提供了传播的路径呢。换言之，一层美丽的薄膜包裹着种子，一经触碰，比如一阵微风吹来，它就会飞走，之后，种子就会随风飘浮。很明显，这样是可以传播种子的，同时，物种的范围也随之扩大了。这与专利局将种子装入邮包袋到处传递是一样有效的。在宇宙这样的政府当中，也有专利局这样的部门，它的经理对种子传播的兴致不会比华盛顿的任何一位官员低，并且它们的操作无疑会更加广泛，而且还很有规律。

需要注意的是，白枫生长于河岸上，或者是靠近湿地的地方，很常见。所以，有些地方就会称它们为河枫。这种树属于小镇土生的，而且仅限于一些地区。据我观察，这是一种很有特色的树，它仅生长在阿萨贝特河岸、康科德和河口以下的主流地区。在阿萨贝特河口以上的康科德地区的10英里内并没有发现这种树的痕迹，而它们却出现在了更高处的萨德伯里。毋庸置疑，更远的地区都受到了阿萨贝特河的灌溉，白枫的种子依靠河水的力量漂泊到了那里。包括红枫在内的大多数树木，如果它们站在水边，就会觉得羞涩，甚至还会有一些矜持。就好像它们害怕树干朝上被水弄湿一样。但是很明显，白枫愿意和黑柳一同站在岸边，它的枝条在水面上摩挲着，看起来就像是一种特殊的装饰品。或许，白枫的大种子并不适宜随风传播，而适宜顺水漂流。

在低地，红枫已经生长成茂密的树林，并且随处可见，被人们称作枫树洼。在其他森林中，无论是在高地还是在低地，也都能看见它的踪迹，尽管它在高地上的长势并不尽如人意。

5月中旬，生长在洼地边缘的红枫，果实基本上已经成熟，于是它们成了乡村中最美丽的风景，尤其是在阳光的照射下，更显得漂亮至极。通常，它那翅状果实是粉红色的，挂在颜色稍微深一些的约为3英寸长的果梗上，散发着绚丽的光彩。这些果梗以一种优美的姿态向上和向外支开，给树上的果实留下了足够的生长空间。它们在树枝上并不均匀地分布开来，随风摇动着，常常因为风吹得厉害而缠绕在一起。就好像棣棠花一样，其漂亮的果实大部分都能够被看见。它们在光秃秃的树枝上映衬着，向前倾着，比叶子伸得还要远一些。

6月刚开始的时候，被风吹来的种子撒满了堤道，又广又远，就在一个月之后，我竟发现沿着河边生长出了小枫树苗，密密麻麻的，大约有1英寸的高度，甚至更高。它们是同一年的种子，并且是在纯粹的沙土中生长起来的。它们顺水漂流，到了河边，等到温度适宜的时候就开始发芽，无论是沙土还是泥泞，都无法阻挡它的生长，尤其是在有漩涡的河湾岸上，它长得更好。

仲夏时节，如果你仔细观察那长满红枫的洼地，通常就会发现有很多这样的小红枫，不过这一般都在环境最适宜的地方，例如已经生长了水苔的小块地方，这里不仅能够将种子隐藏起来，同时还能够保持种子发芽需要的湿度。如今，有的小树已经深深地扎根，而那些无用的种子则带着它脆弱的翅膀躺在附近。那些翅膀在半道就已经折损了，它们不会再依附在植物上，好像完全没有关系一样。它们在很短的时间内就完成了自己的使命。

去年9月份，我在土豆地里看到一大丛生长起来的小红枫。很明显，它们是在去年耕作之后长出来的。它们稍微向北延伸，与西北方向的一棵小树最多有11杆远的距离，这棵红枫可是附近唯一的一株。这丛红枫占据的地方呈椭圆或圆锥形，就好像是种子被风吹来的样子。很明显，土地在那年被开垦之后，更适合红枫在那里生长。前一年或者是更多年前，这里还是一片牧场的时候，没有人会怀疑红枫的种子会落在那里。这块土地原本可以一直作为牧场，地面被草覆盖起来，即使临近的地区有红枫，也并没有种子在这里生根发芽。然而人们却将这片土地开垦出来，还不允许有牲口踏入其中，如此，很快就会有红枫在这里成长起来。同样，还会有其他比较轻的树种子随风飘来，最后长成一片树林。

在北美，尽管糖枫已经号称是最普通的树种，但我在这个镇上却只在一个地方发现了土生土长的糖枫。糖枫生长的环境主要是在山丘或山脉上的高地。因为糖枫散播种子的时间比较晚，因此我甚至怀疑，它们有着特殊的传播方式，即依靠冰雪的力量。

枫树种子的传播有时也会有动物的功劳。种枫树最好的季节是春天而不是秋天，这样就可以避免鼹鼠将种子吃掉。

1858 年 5 月 13 日，当我坐船走在康科德一处静谧而又充满阳光的河湾里时，看见阿萨贝特河口的一棵红枫上有一只红松鼠在悄悄地向上爬，它好像在寻找鸟窝。我想看看它到底在搜寻什么。它先是爬上一根很细的枝条，把树枝压得低垂下去，然后将自己的脖子伸长，去啃食一簇果实，为了够得着食物，它有时还会用爪子把枝条扳弯。接着它还会向后退一点，坐在树枝

ACER PLATANOIDES

——— 枫树/挪威枫 ———

在每一棵枫树上都生有看起来如同昆虫翅膀的薄膜，它长在种子上，包裹着种子。之后，种子就会将这里作为大本营，从而生长在里面。

ACER PLATANOIDES

上，将那半熟的翅果大口大口地吞掉，它不停地用爪子调整着方向，好像吃到了非常美味的水果一样把它们塞进嘴里。这只松鼠一簇接着一簇地采摘着，也掉落了很多果实，这对它来说，即使算不上是豪华盛宴，也算是享受一顿大餐了。满满的一树红果子都挂在它的周围。我就这样坐着，朝着太阳的方向远远地望去，那些在我和松鼠之间的红色果实在阳光照耀下闪闪发亮，看起来就好像是仙果一样晶莹透明。这样的景色多么让人赏心悦目，我在想大自然为它准备了多么丰富多彩的食物啊！最后，风突然吹来，松鼠栖息的树枝也开始不停地摇晃，它以非常快的速度向下窜了几英尺。

这将部分地解释枫树籽在落下后快速消失的原因。仲夏时分，你会十分惊奇地发现，在整个一大片枫树洼里，六个星期以前，果实还是红色的，种子纷纷掉落，就好像下雨一样，而现在那里只有少数的枫树籽，并且很可能其中的一部分还是空的。通常情况下，相对茂密的小树林生长起来你是看不到的，但是当种子掉进了树叶和苔藓的缝隙时，你可能会看到这样的景象，因为它们摆脱了被吃掉的命运，但毕竟这是少有的情况。

5月榆树带翅的种子或榆树钱已经长得繁茂，在叶蕾打开之前，它们看起来就好像是小啤酒花一样。经过一两天以后，尤其是夜晚下过雨之后，你就会看到遍地都是落下的种子，或者空中都是飘飘洒洒的种子正在散落。它们不仅散落到街道上、水坑上，还会落到河面上，最后聚集成绿色的小块，向下游流去，最后在岸边生根发芽或者是漂泊到草地上去。这也就是为什么这些树总是生长在溪水边上。

几乎所有的园丁都会知道这样一种规律，那就是想要保持园边没有小树苗是一件非常困难的事情。那种树的种子会挨着篱笆开始生长，尤其是生长在花园中时，很多小的榆树苗极易被人们忽略，然后悄悄地生长起来挡在屋子的前面。鸟儿们在不断地追寻这些种子，并且也在传播着种子。100 多年前，卡尔姆在他的游记里写，当他向香普兰湖靠近的时候，他的一个同伴射杀了一大群鸽子。“我们在鸽子的胃里发现了大量的榆树种子。很明显，这是老天给它们的食物；5 月时，这里有大量的红枫籽，等到成熟它们就从树上散落下来，也就是在这段时间内，被鸽子吃掉；紧接着榆树的种子就成熟了，它们又成了鸽子的食物，直到其他的种子又熟了。”然而，据我观察，榆树的种子成熟得比红枫要早一些。因为我已经看到，红肚子的锡嘴雀用榆树籽来充当它的食物。

白蜡树的种子形状好像刀一样，据说能够一整个冬天都待在树上。它传播的方式和枫树、榆树比较相似。它们在墙角长出来，并且沿着篱笆生长，在那里种子被阻挡并保护起来。它们在小溪上漂流，最后在邻近的地区安顿下来。

黑蜡树十分喜欢水，就好像水的情人一样，因此树种的传播在很大程度上也会受到水流的影响。

在河流中的草地上，我经常看见一小丛榆树、枫树或者是白蜡树，甚至是各种灌木丛生长着。它们长在礁石上，郁郁葱葱的叶子已经完全将礁石盖住了。有的时候，在十分坚实的河岸上，在一块光秃秃的礁石上生长着两三棵榆树，它们紧紧地挨着，把头高高地昂出水面，就好像保护礁石不被冲走一样。看到这样的景象，我首先想到的是礁石是怎样进入树中间的。但事实上，礁石最初就在这个地方，是它将漂流的树种子拦下，然后保护着年轻的小树苗，而现在它保护着的土壤滋养着柳树的成长。

由此，石头从开始就在这块草地上，而最终它建立起了一个树丛，之后那些接受过它恩惠的树木又将它掩盖起来。

说起柳树和杨树，在 5 月和 6 月的时候，空气中就会飘浮着大量散落的种子，它们落在水面上，就形成一层厚厚的泡沫状漂浮物。雌雄花朵总是生长在不同的树上。在我们这里，堤道旁边的外国白柳恰巧都开着雄花。当柳荚成熟到裂开的时候，你即使从远处也可以辨别出灰白的雌花。据说，这片地方在很早以前是没有雄垂柳的，只有雌树，由此在这个地方并没有完美的种子生成。并且我已经探查到，在河流沿岸，土生土长的柳树是最常见的，它只有单一的性别，大多数吉利厄德香柳都是雌性的。

雌柳絮的颜色是绿的，看起来就好像是毛毛虫一样，大约有1英寸的长度，当雄性的黄色柳絮散落以后，雌柳絮就开始迅速地生长，通常一条柳絮上包括25～100个柳荚。有些柳荚呈卵状，有喙，每一个都在絮状物里紧紧地包裹着。柳荚中有很多小的种子，用肉眼是很难看见的。它们成熟的时候，柳荚的喙就会打开，分开的两半会向后弯曲，将它的绒毛物释放出来，就好像马利筋草一样。除了大小上存在差异以外，就好像有100个马利筋草荚，绕着一个杆呈圆柱形排列。

柳树的籽比桦树的籽要轻一些，体积要更小一些，看起来就像是一个微粒。根据我的观察，它的长只有0.17英寸，宽也就0.25英寸，根部围绕着一簇长约0.25英寸的絮状物，就好像头发一样，不规则地盘旋上升。这样的结构使它们成为所有树种中浮力最大的一类。柳树籽向下飘落的速度很慢，即使在空气对流并不强烈的室内也是如此。如果在火炉上面的热空气里，它会迅速地向上升起。包裹柳树籽的絮状物就好像蜘蛛网一样，使得整个柳树籽看起来像蜘蛛一样。柳树籽是很难辨认的，想要将它和絮状物分开，就必须有一架精密的轧棉机才行。

到了5月13日，我们这里最早的柳树开始返青，它们就长在草地边上一两英尺长的枝条上面，生长出来的柳絮就好像弯曲着的虫子一样，大约有3英寸长。它的形状就好像榆树果一样，在叶子还没有变青的时候，它们倒是首先形成了一团青色，看起来非常明显。但是在这个时候，也有柳树开始吐出嫩芽，将它们的羽绒显露出来。所以，它们是紧接着榆树之后传播种子的树木。

过了三四天之后，树林里的干沟和林子边上的矮柳开始吐絮。苦柳是我们这里最小的柳树，生长在又高又干燥的林间小径上，也开始吐絮。苦柳的枝条上很快就被絮状物覆盖满了，看起来就好像是一根根灰白色的棍子，绿色的微小的种子被包裹在里面，就好像毛毛虫粪蛋一样。

几乎同一个时间，早熟的白杨也开始吐絮。吐絮时间晚的杨树是齿缘大叶杨，它们的籽荚生成了一个庞然大物，看起来非常奇特，好像非常漂亮的明黄色果实。

在6月的上半月，柳絮和其他树木的种子一起被风吹落到草地和道路上。

1860年6月9日，在我们的地区，黑色的云朵从东北方和西方涌起，总共下了6次阵雨，并且还伴有巨大的雷声和大冰雹。

一天下午，下过一阵雨之后，我站在米尔大坝上，看到房顶一样高度的天空中布满了一种羽绒，最初的时候，我以为是羽毛，或者是一种从室内飞来的一种棉绒，它们像蜉蝣一样升起来又落下去，又像是巨大的白蛾，时不时地落到地上。紧接着，我推翻了之前的猜测，认为它们可能是一种有着轻盈翅膀的昆虫。它们被天空中轻微对流的空气追赶着，沿着街道漫天飞舞。尤其是在潮湿的空气中，它们看起来非常明显，背后映衬的是黑色的云彩，而那黑色的云彩一直在西方的天空中萦绕着。这种景象吸引着街道上的店主们，他们纷纷站在自己的门口，对天空中的东西进行猜测。事实上，这是银柳的茸毛，它们在雨点下飞起来，之后又被背后的风追赶着前行，它们中间结着黑色的、微小的种子。地面刚刚被雨点润湿了，这是播种的最好时间。原来它们是从 20 杆外的一棵大柳树上飞来的，与大街的距离大约有 12 杆远，正好在铁匠铺的后面。

树木就用这种方式播撒着它的种子。或许曾经有一些茸毛颗粒从你的脸颊上轻轻地掠过，但是你并没有察觉到，之后它们就长成了直径为 5 英尺的大树。

再过一个星期之后，是 6 月 15 日，我在康科德河上注意到下风方向的堤岸已经变成了一片白色。那里是一个河湾，是悬铃木和黑柳之间的一道间隔。这片看起来明显发白的地方，宽约两三杆，这让我想到了曾经从沉船残骸中冲上来的破白布，看起来也与羽毛有一些相似。我转向它，发现原来是白柳吐出来的茸毛，就好像其他的茸毛一样，里面充满了微小的种子，它们被风追赶着，最后落在水面，沿着水边形成一个宽1～2英尺的白色泡沫带。河面就好像是被棉絮或者是羊毛覆盖着，在外围被隆起或堆积。我之所以并没想过是柳树茸毛，是因为这河边并没有生长着白柳，而这个时候黑柳还没有开始掉茸毛。当时的风向是西南方向，顺着这个方向20杆之外的道路上生长着一些白柳，这些茸毛就是从白柳身上掉下来的，它们已经在陆地上飞越了15杆的距离。

柳树和杨树的特点之一就是长有这种茸毛，这是大多数的人都知道的。人们之所以不喜欢吉利厄德香柳就是因为它的茸毛到处乱飞，弄得满院子都是。另外还有一个树种与这种树比较相似，叫作绵白杨，但是它并不生长在康科德。

在普林尼看来，柳树在成熟以前就失去了自己的种子，它们在蜘蛛网中就飞散了。在《奥德赛》中，荷马把柳树称为落果。对此，尽管有些人建议应该理解为“造成贫瘠”，但是普林尼和一些评说者却仍理解为“果实缺失”。瑟茜引导奥德修斯进入冥界，曾对他说：

> 你很快就会抵达海的尽头，
> 那里的斜坡的海岸正在逐渐地下沉；

冥后的黑森林里那些贫瘠的树木，

柳树和杨树在潮水中颤动。

从这里我可以做出推断，冥河的堤岸与阿斯尼班河、萨斯喀彻温河以及我们西北草原上的许多河流都非常相似。诗人对冥河的概念来自于世界最荒凉而遥远的部分。在辽阔的西北平原上，从麦肯奇到罕德的开拓者们都报告说，那些局限在河谷里和最常见的树木就是小白杨和柳树。还有一些人认为，如果印第安人每年不烧掉大草原，最后就可能形成适宜于森林生长的土壤。

我们应该能注意到，在缅因州的荒野上，甚至是在其附近，在烧过的荒地上，杨树的长势是多么的迅速呀！最引人关注的是，那些树的种子十分轻巧和精致，应该是最容易广泛传播的。它们在树林里是先锋，尤其是在贫瘠地区和更北一些的地方。它们的种子微小，很容易就被空气带到很远的地方去。到了北美的陆地上，它们迅速覆盖烧荒的一大片区域以及北方的野地。水流也帮着它们向远处传播。相对来说，那些比较重的树种传播得会慢一些。

柳树的影子总是在任何地点都能够看见，无论土壤是多沙、干燥还是湿地、高山，都阻挡不了它的生长。1858 年 7 月，我在白山的时候，小熊莓柳的茸毛将高山地区的大片土地都染成灰色，就连灌木上也到处都是，踩上去就好像是踩在地衣上一样。它的种子刚刚裂开，弹性十足，浮性也十足，沿着白山山脉，从一座山峰到另一座山峰散布着。那里也生长着苦柳，即使它不算是最小的灌木，也算是最小的柳树。据说，它们和极地柳在一起，一直延伸到林地最远的北面。

尽管那些飞舞在空气中的种子并不能被我们所观察到，但是通过适当的实验，基本上可以在任何地方揭示它们。如果你在树林中能够找到一块多沙且少有植被的地方，例如铁路的旁边，或者一块由于严寒而阻止其他树木发芽生长的地方，那里一定不会生长其他的灌木或树，而杨树和柳树的种子迟早会长出来的。

杨树的种子看起来与马利筋比较相似，大多数都扎根在山谷里，那里经常会吹过很大的风。或者，它们正好就生长在那里，因为这些地方霜冻比较多，植物如果不够强壮是不适合生长在这里的。在这附近，像这样的杨树谷就有很多。

在一片空旷的草地上修一条路，如果没有人进行阻止，道路的两旁很快就能围起许许多多的柳树，形成一长条柳树带，更不要说是赤杨等树木了——尽管从前并没有人引进任何植物和种子，这里也从来没有生长过柳树。因此，人们开始学着用柳树来抵抗洪水，保护道路不受损坏。

1844年，我们这里兴建铁路。在村子西面尽头的南边，有一大片开阔的区域，其中绝大部分是草地。在它和树林之间，是不允许任何灌木生长的，因为要在它的上面修建高约15英尺的沙石路基，铁路一直从南通向北，从河面上跨过。过了10多年，我惊奇地发现，这里已经形成了一道自然生成的柳树篱笆。尤其是在路堤的东面，沿着路堤的底部，那里设置了一个防护网。这个防护网很长，一直从距离河岸半英尺的地方延伸到森林中。而柳树篱笆也与铁路或者防护网一样笔直。

这里确实是一处柳树的原乡，这为我们研究柳树提供了极大的方便。这里包括的柳树品种有8个：矮柳、白柳、喙蕊柳、框柳、褪色柳、丝柳、海花柳和明柳。这里的柳树种类是我在康科德地区发现的所有柳树种类的一半，并且其中只有一种是本地柳树。面对这样的状况你可能会想，柳树的种子或者枝条是在人们修路的时候从附近的深壑里带出来的，但是最多也就是其中的三种生长在那里；而其中有四种是在河边草地以外的地方才能够发现，那里与这里的北边有半英里的距离，在村子的另外一边。实际上，它们是在这个镇子里，总是局限在河边和邻近的草地上。让我特别惊讶的是，最后两种柳树，即海花柳和明柳，在离河边草地很远的地方被发现了，它们土生土长在这里。

白柳是我知道的唯一在堤道附近生长过的柳树。

因此，我就想，这里至少有一半或者大部分的物种都是被风从远处吹来的，然后又被河堤挡住了去路，于是就在河堤下生根发芽，从某种程度上来说，就好像被风吹成一堆的雪在那里不断地累积起来。另外我还发现，它们中有几棵白蜡树，而这白蜡树的源头就是草地东边10杆以外的一棵白蜡树。不过，在其他地方，并没有生长白蜡树。此外还有一些桦树、杨树、赤杨、榆树，它们中的一些已经是成年的树木了。因此，只要其他的条件都合适，你就可以等待柳树发芽，因为在那个地方，空中到处都悬浮着柳树的种子。

也许在开阔的草地上，柳树很多年都没有机会生根发芽，但是一旦在草地上建立起一个屏障，贯穿整片草地，你就会发现，在不久之后，就会有柳树在它的周围生长出来，因为这种屏障不仅可以收集种子，而且还能对植物进行保护，从而使其免遭人类和其他因素的影响。柳树专门沿着基底排列，就好像沿着河岸排列一样，对它们来说，沙堤就是河岸，而草地就是一个湖泊。在这里，它们不仅享受着沙子的保护和温暖，还能用它们的根从草地中吸收水分。如果我们想要知道它们的来源，这些草和树就好像雪一样飘浮起来，最后在山丘和篱笆边落下，在这个地方，它们的生长得到了极好的保护与鼓励。

这些柳树是多么繁茂、多么早熟、多么热切呀！在拉丁语中，它们就意味着“跳跃”，它们生长得如此快速、跳跃。当银色的柳絮裂开以后，过不了多长时间，金色的花簇和毛绒的种子开始传播它们的种子，速度快得让人难以置信。就这样，它们不断地繁殖下去，形成一个庞大的家族。它们聚集在一起，占领了道路两旁的位置，甚至还向其他树木的领地不断地入侵。

尽管每年都会有柳树的种子大量地飘浮在空气中，进入森林和草地的每一个空间，但是只有极少数可能成长为一棵矮树或者是一棵大树，成功的概率大概只有百分之一，然而即使是这样低的概率也已经足够了。道路的两旁生长起来很多白柳，但是它们大多数却并不能自然生长，在此处也在别处保有它们的领地。在我看来，它们中的大部分都是由掉下来的树枝长成的，而并不是由种子生根发芽长出来的。即使是和黑柳一起生长在河边的那少数几棵自然生长的柳树，也可能是由河水中漂流而来的枝条长起来的。如果我们相信传统的话，房子周围最大、最老的树都是有历史的，大家共同讲着同一个故事。有一位长得胖胖的老爷爷，他坐在屋子里回忆从前的事情。当他还是一个小孩的时候，他在院子里玩马，把柳条鞭子插在地上之后就忘了这件事情，到了现在，它已经长成了一棵大树，所有的行人都对它的繁茂进行赞许。当然了，大自然不会让所有的柳树籽都成功。因为如果每一粒柳树种子最后都能长成一棵大树，那么在多少年之后，地球就会完全被柳树所占有，从此变成一个柳树林，这可并不是大自然的设计。

几年前，还有另一个外国树种红皮柳在一个偶然的机会来到这个小镇上。当时人们使用它的柳条来捆绑其他树木的枝条。有一个园丁出于好奇把红皮柳的树枝插到了土壤里，于是它就在这里有了自己的后代。

大约6月中旬的时候，河边的黑柳开始结籽，它的茸毛开始飘落到水中，并且这种情况要持续一个多月。6月最后的一个星期，是树上茸毛最显眼的时候，树已经被它染得色彩斑斓，看上去绿白相间，充满了趣味，就好像水果一样。那个时候，水里面的茸毛也是最多的。

6月7日，我把一些种子放在大玻璃杯中。只经过了两天的发育，种子就发了几片圆圆的绿叶。这让我感到非常吃惊，于是我的兴趣就来了，因为植物学家普遍抱怨说，想要让柳树籽发芽实在是一件困难的事情。

我想我明白这种柳树的繁衍方式了。它那微小的棕色种子躲在絮状物中很难被人发现，然后被吹到水里，尤其在6月25日这一天落得最多。在那里，它们漂浮着，形成一层厚厚的泡沫，然后和其他的东西混在一起，尤其是紧靠着一些赤杨或其他树木的坠落物，又或者是一些枯萎的灌木树枝。这里的水势相对来说比较平缓。这些泡沫往往会形成新月形，窄窄的，大约有10～15英尺的长度，与河岸成直角，弯曲着向下游流去。它们的颜色那样白，厚厚的，让我想到了上面结着白霜的水晶。两三天之内，很多种子都开始发育，冒出圆圆的绿色小叶片来，或多或少地给白色水晶抹上了一层绿色，看起来就好像是装着水和棉花的玻璃杯中的草种。它们很多都漂浮在柳树、悬铃木和其他灌木以及河岸莎草的中间。也许就在它们长出根须的时候，正好赶上下雨天气，于是它们便被搁浅在树荫下的泥土里，然后渐渐地长成大树。

但是如果这些种子并没有在浅水处降落，也没有找到合适的机会留在泥土里，那它们可能就没有生根发芽的机会，默默地死去。我曾经见过很多地方的泥地因为有它们的到来而变成绿地，或许有的种子是直接被吹到了那些地方。

如果它们没有通过这种方式播种成功，它们一定还会想其他的办法。就好像沿着河边的一些树种，它们有着非常脆弱的枝条，只要轻轻一碰就很容易折断，好像用刀切下来的一样。尽管这种枝条的上部坚硬，下部脆弱，但是将它们扭曲起来却能变成非常坚固的绳子系在船上，这也是一些国家对于柳树的用法。但是这些枝条也好像漂浮在水中的种子一样，有机会将它们自已栽植在留宿的岸边泥地里。

某一年的 6 月，我看到这样一个现象，在阿萨贝特河岸边，有一棵小黑柳从一堆潮湿树叶、木屑和沙堆中间脱颖而出，开着花。我把它拔出来，发现它只是一根 16 英寸长的柳枝而已，其中 2/3 的长度都埋在潮湿的泥土里。之所以它会掉下来，可能是由于冰的作用，然后被水冲上岸来，最后埋在这里，就好像一根压条。现在那埋在地下 2/3 的枝条上面，已经长出来了一两英寸长的根须，并且十分繁茂，而生长在土壤上面的 1/3 的枝条已经长出了叶子和柳絮。因此，如果没有被我拔起，这根柳树枝条极有可能最后长成一棵大树，在河的堤岸上随风摇曳着身姿。柳树具有非常强的生命力，每一个沿着河岸传播的机会都会被它利用起来。而那些将它们折断的尖冰并没有将它们的生命扼杀，反而让它们传播到了更远的地方。

当我的船在长满黑柳的河段行进时，两岸的黑柳低垂蔓延着，那柔软的枝条就好像一场阵雨一样落在我的船上，它们也会停留在水面上。因此，对于这些柳树艰难的命运我无知地给予其同情，它们是那样容易被损坏，丝毫不及芦苇的坚韧，但是现在，我却为它们的脆弱和易损赞叹。我愿意欣然地将我的竖琴挂在这样的柳树上，这样就能从它的身上获得一些灵感。在康科德河的岸边坐下来，我几乎为感悟到这一点而激动落泪。

啊，柳树，柳树，但愿我一直能够保持像你一样的热情，但愿我能拥有像你一样顽强的生命力，即使遭遇伤痛也能够迅速地恢复过来。

我不知道为什么他们将你比作绝望爱情的象征——谁在说被遗弃的情人头戴柳枝！[①]

从柳树所有的特性来看，柳树象征的是成功的爱情与同情。它也许会弯曲，会凋萎，但是却从来不会哭泣。巴比伦柳树在这里开花，抱有非常大的希望，尽管它的另一半并不在，也从来没有来过这个新世界。柳枝低垂着，不是为了怀念大卫王[②]的眼泪，而是在不断地提醒我们，亚历山大头上的王冠是如何在幼发拉底河被攫取的。

毫无疑问，柳木在古代时被做成盾牌是非常受欢迎的。就好像整棵柳树一样，柳木具有柔软的特质，非常容易弯曲，并且有韧性，非常坚硬，受到击打的时候也不会立马裂开。一旦出现断口，还会马上愈合起来，裂痕也不会再度扩张。这种树几乎每隔两三年被砍一次，它们就是这样的命运。即使这样，它们也不

---

① 节选自爱德蒙·斯宾塞的作品《仙后》。

② 出自《诗篇》第137篇，“我们曾在巴比伦的河边坐下，一追想安锡就哭了，我们把琴挂在那里的柳树上”。

ALIX ALBA

—— 白柳 ——

柳荚中有很多小的种子，用肉眼是很难看见的。它们成熟的时候，柳荚的喙就会打开，分开的两半会向后弯曲，将它的绒毛物释放出来，就好像马利筋草一样。除了大小上存在差异以外，就好像有100个马利筋草荚，绕着一个杆呈圆柱形排列。

ALIX ALBA

会哭泣，更不会死，而是努力地向外发芽，更加充满活力，生存的时间会更长一些。在《价值》一书中，富勒这样评论道："这种树比较喜好湿地，在伊利岛生长得非常好，它们的根不断地延伸，使堤岸更加坚固，砍下来的树枝可以作为燃料，用来生火。它们的长势非常迅猛，在这个地区流传着这样一个笑话，说柳树给主人带来的效益是最大的，可以买一匹马，而其他的树种只能换来一个马鞍。"

希罗多德说，柳杆对于塞西亚人具有非常重要的用处，他们以此来通灵。为了这个目的，他们还能找到更加合适的枝条吗？当我第一眼看到它的时候，就开始变成了一个占卜者。

我看到一种非常细的柳枝，在 12 月初干燥的山谷里，长在莎草之上，或者是寒冬时节，长在雪地上，我的精神也随之振奋，就好像它们是沙漠中的一处绿洲一样，给人以希望。柳树(Sallow)这个词源自拉丁语中的 salix，在凯尔特语中，sat 是"靠近"的意思，lix 是"水"的意思，整个词都暗示着里面流动着自然的血液或元气。这是一根非常神圣的魔杖，它笔直地站立着，而它的根却长在泉水中。

是呀，柳树并不是一种自毁的树。它从来不会感到绝望，大自然的水分被它吸收，转化为树汁，它象征着欢乐、青春、长寿。哪里会有柳树感到不满意的冬天呢？季节的变化很少会影响到它的生长，它那银色的茸毛在 1 月份最温暖的日子里就开始隐约地出现了。

杨树也不是四轮马车上哭泣的女孩子，看到太阳的战车就欢欣鼓舞，就算是一只遇难的小船，它们也能不断地驱使它，勇往直前。

相对于讨论柳树如何扩散蔓延，讨论柳树如何繁衍自己还要更简单一些。哪些动物会传播柳树的种子我并不知道，除非那些用柳树茸毛装饰自己巢穴的小鸟，可能会将柳树的种子传播到更远处。亚丁在给写给威尔逊的一封信中说，他在英国北方的小杉林中，经常会发现小朱顶雀搭窝的时间总是非常晚，窝的两边还经常有柳絮的茸毛。有时，这里的黄雀窝也会有类似的情况。穆迪说，英国黄雀有时会将柳树的茸毛作为搭窝的材料。威尔逊说，紫山雀喜欢将杨树的种子作为食物。

按照米修的说法，在这个纬度上，悬铃木是最大的落叶树，它的种子虽然比柳树和桦树的种子要大一些，但是与菜园里蔬菜的种子相比，还是要小很多。它的每一个果球的直径大约有 0.875 英寸，里面包含着的柱状种子有 300～400 颗，长度大约是 0.25 英尺，看起来就好像针垫上排列着密密麻麻的针，而它的底部围绕着一圈林立的茶色茸毛，起到了类似于降落伞的作用。这些果球在高高的树上悬挂着。当树有了一定收成的时候，我观察到，果球挂在树顶上，冬季和春季中的暴风雪不停地摇动它们，渐渐地，这些果球就会打开，其中的种子撒落出来，又或许这并不是一个缓慢的过程，只是在一次强劲的风暴中一切就都发生了。在这些情况下，即使种子并不是非常活跃，也会被风雪带到很远的地方去。我曾经有这样一个发现，它们可以在距离母树 10～20 杆的距离内随意地生长。我也曾看到过“在冲积平原和草原上的林地里，在所有的树木中，杨树和悬铃木所占的比例就很大”。威尔逊说，悬铃木的毛绒经常被黑头黄鹂衔来搭建在巢穴的两边，而它的种子则是紫雀的食物。吉劳德也说，紫雀很喜欢以悬铃木的种子为食。

一粒微小的像尘埃一样的种子，是一个小小的开端，最终会长成一棵大树。普林尼曾经对柏树有这样的评论：“如此微小的种子能够长成一棵大树，实在让人觉得不可思议，这不应该被人们忽略。相对来说，大麦和小麦的种子要大很多，更别说豆子了。”他补充说，蚂蚁对于小种子十分钟爱，这个事实让他感到十分惊奇，也就是说，如此渺小的一只昆虫，竟然能够在一棵参天大树的萌芽时期就将它摧毁。

另外，伊夫林受到普林尼的启发写道：

解剖学家实在是太优秀了！他将探查到如此小颗粒上的第

1000 个部位或者是点。这种初始萌芽几乎让人感觉不到，但是却有着蓬勃的精神，最后长成参天的杉树和向外伸张的橡树。或者，又有谁能够相信，这样一些巨大的树木，竟然是从包裹在极小空间中的种子发育而来的？就像悬铃木、榆树或者是柏树，它们木质坚固，坚硬如铁，实在让人难以想象。种子的实质脆弱无力，但是却没有一丝混乱、脱位。最初时，它们只是一些纤弱的黏液，或者是十分容易腐烂、很容易就被分解的物质，但是一旦被埋进大地母亲湿润的子宫中，便一天天坚强起来，同时也格外温柔和灵活，能够及时地将巨石分裂或者是取代，甚至也许能够将山移动。因此，这个胜利者的手掌没有任何重量可以镇压下去。我们的树与人的成长正好相反，它在腐烂中播种下去，慢慢地在荣光里成长起来，最后长成一棵直立的、坚挺的大树，最终成为一座坚塔。从前能够被一只蚂蚁轻轻松松地搬回到自己的洞穴中，而现在却能将最狂怒的风暴都抵挡下去。

加利福尼亚红杉从小种子开始萌芽生长——据说它的果球与五针松比较相似，但是长度只有 2.5 英寸——但是它却比世界上的许多王国存活的时间都长。对于这世界上的第八大奇迹，普林尼和伊夫林是怎样说的呢？

如果我们把世界的形成过程看成树木的成长过程，也就是说世界就好像是从一个小种子发展而来的，像是柳树种子对柳树一样；那么地球的种子，根据我的计算，将是一个球体，并且直径小于2.5英里，很可能就是这个小镇表面的1/10。

当然，我们谈到的各种树木从无到有，根本不需要质疑。它们结出非常饱满的果实，为了更好地传播，还特意长出了茸毛和薄翼。我敢断言它们从种子长出来丝毫不会让人奇怪，只是人们对于它们传播的方式却给予很少的注意。大部分的树木是从欧洲来的种子长成的，在这里，它们落地生根。又因为种子带有翅并且非常轻，有利于传播，于是树木变得越来越多。

对于没有翅的、比较重的坚果和种子，有一种比较普遍的看法，就是它们在以前没有存在过的地方生长起来，并且是从种子生长出来的，这如果不是由于一些不寻常的方式而自发生长出来的，那么就是它们已经在地下沉睡了几个世纪，或者是受燃烧的热流激发生长出来的。我并不相信这些断言，我将通过自己的观察来说明这些树林是如何形成的。

每一种植物的种子都有翅或者是足，只是它们存在的形式有所不同而已。对于各种各样樱桃树的传播我并不感到惊讶，因为它们的果实是鸟类最喜欢的食物。很多种樱桃树都被叫作“鸟樱”，这种叫法同时也适用于更多种不以此为名的樱桃树。吃樱桃是很多鸟类的爱好，因此我觉得鸟儿是最有权力享受樱桃的，除非有一天我们也会像它们一样不断地传播种子。

为了让鸟儿不得不传播种子，樱桃可是将种子进行了巧妙的包装。它把种子包在充满诱惑力的果皮中间，这样一来，想要吃它的动物就必须将果实整个吞下去，包括里面那个硬核种子。如果你曾经吃过樱桃，并且不是先将其分成两半的话，你肯定知道这样的情况：就在你享受甜美的味道时，舌头上留着一大块硬渣。留在我们嘴里的樱桃核只有豌豆大小，一次就有十多颗，大自然为了实现这个目的，允许我们做任何事情。一些孩子们和野蛮的人会本能地将这些樱桃吞下去，就像鸟类一样。如果时间匆忙，这倒是一个最快处理它们的方式。只有尊贵的王子们才会把用来做布丁的樱桃去核，这样显得他们的生活更加奢侈。或许，他们前呼后拥地种树就是为了弥补这一切。

因此，尽管这些种子没有翅膀，但是从另外一种意义上来说它们也是有的，因为自然已经强迫鸟类整个吃掉它们，并且带着它们飞向更远的地方。而且这种传播的方式比松籽的传播更有效，因为它们丝毫不用担心风的阻力。最终的结果就是，樱桃树到处都是。而其他很多种子的情况都是一样的。

如果樱桃种子长在树根上，或者是一片树叶上，那么它就无法像生在果肉中间一样被传播了。

我经常能够看见林中的鸟巢里会有人工种植的樱桃核，这里离樱桃树很远。我低下身子在泉水边喝水的时候，在水底也能看见它们的身影，那是一些鸟儿在像我一样喝水的时候掉下来的，而这里距离最近的樱桃树大约也有半英里。树木就这样被种植下来。总之，小鸟传播种子的过程该是多么忙碌呀！你想为你的餐桌留下点樱桃实在是不容易。然而，我注意到，它们也并不是每次都会把樱桃核带走的。

我的一个邻居说，鸟儿在吃完所有的嫁接樱桃之前，根本不会理会欧洲甜樱桃，即使很多小黑樱桃就长在附近。等到所有嫁接的樱桃都吃完以后，它们才开始吃欧洲甜樱桃，并且一丁点也不会留下来。

人工培育的樱桃和野樱桃生长的地域一样宽广，大多在萌芽林里或者是任何没有树的地方。但是树林和耕作都会给予它们毁灭式的打击，因此它们只有在萌芽林或者是篱笆边上才能不被打扰地生长，最后成为一棵引人注意的树。这个树种特别喜欢小山顶，小鸟经常会将种子带到那里，也许山顶上的阳光充足，土壤也更符合它们的生长需要吧。

在瓦尔登湖旁边的树林里，有一座山顶上生长了 12 或 15 株年轻而又优美的英国樱桃树，早在十几年前就被砍伐了。我记得也是在这个树林中，有大一些的樱桃树生长在费尔黑文山。去年秋天，我有幸挖到 3 株，并且将它们栽种在我的花园中。它们是非常优美的树，生长极为迅速，比我在园圃里所见到的任何树都要快一些，并展现出一种蓬勃的生机，但是它的根大并且低劣，是无法移栽的。

朗姆樱桃或黑樱桃以同样的方式传播种子，范围非常广，是萌芽林里比较常见的灌木。小鸟将大量的种子携带进密林中部，当伐木工人将树林砍去之后，那樱桃树就在最早的和最常见的灌木中间出现了。但是不久之后，樱桃树就被淘汰了，在树林中，我几乎很难见到大一点的樱桃树。于是你只能将樱桃树栽种在自家的房子旁边或者是菜园里，等到樱桃成熟的时候，让成群结队的鸟儿长距离地飞来飞去。这些鸟的种类很多，例如必胜鸟、樱桃雀、知更鸟等。

1785 年，玛拿西·卡特勒博士曾经谈到白山北部的野生红樱桃，这种树在这个小镇上很少见。他说："在没有栽种樱桃树的地区，当老一茬的植物，如山毛榉、松树、云杉，还有非常高大的桦树，被砍倒并在地面上进行焚烧以后，第二个夏天来到时，这里就会长起大量的红樱桃。"

这样的现象米修也曾经谈到过，他说："这种樱桃树具有与纸皮桦同样明显的特征，会自发地进行繁殖。"

我在缅因州的时候曾注意到，这些树在伐木工人的营地、在运送木材的路上、在被清理过后的小区域，甚至在一些行人晚上扎营的地方丛生。由此可见，这种果实主要是跟随着人类的足迹而生长，就像草莓和紫莓一样，它们喜欢空气和阳光充足的地方。在《树木报告》中，乔治·爱默生说，在他爬缅因州和新罕布什尔州山丘的时候，已经“无数次在小溪的河床里，尤其是在经常有行人的路上，看到这种樱桃核多得出奇。尽管在附近很大的一个区域内都没有樱桃树的踪迹”。它们的来源有很多种可能，或者是被激流冲下来的，又或者是被鸟兽留下来的。当你明白小鸟传播种子是多么有规律时，这种樱桃树密集繁殖的情况就很容易理解了。

不论是种植的还是野生的樱桃，总是有规律地被鸟类追寻，这一点是其他任何植物的果实都无法比拟的，尽管有些樱桃也并不是特别美味。大量的小鸟很可能将种子带进树林的深处。根据我的观察以及我所掌握的鸟类学知识，最常吃樱桃的鸟儿有樱桃雀、知更鸟、蓝鸫、褐嘲鸫、红大嘴雀、必胜鸟、松鸦、猫鹊和啄木鸟。

古人在很早以前就已经观察到，小鸟传播种子是一种非常普遍的现象，他们将小鸟称为不可或缺的植物种植代理人。伊夫林谈到可以做山车胶的冬青籽，他说：“它们想要发芽必须通过画眉的胃才可以，所以有‘秽物出佳粮’的话。”

如果你要对小鸟的习性进行研究，就要寻找它们觅食的地方。例如现在的时间是9月1日左右，你就应该去找野生的樱桃树、商陆、接骨木和花楸。除了越橘的浆果正在渐渐干枯以外，这个小镇上最多的就是樱桃和接骨木的果子。

1859年，大约相同的日期，我在林肯市的密林中走着，看到一株黑樱桃，上面长满了果实，于是就摘了一些。同时我还看到了樱桃雀的影子，并且是第一次长时间地观察，它们的歌声优美而高昂。最后知更鸟变得稀少了。我告诉我的同伴，这种鸟已经普遍沉寂和变少了。我们坐在靠近这棵树的岩石上，听着悦耳的音乐。时而就有一两只鸟从天上飞落到这棵树上来，它们仔细地打量着我们，又在树上盘旋起来，仿佛充满了失望之感，然后它们又飞到了附近的枝条上面，也许它们正在等待我们的离去。

这个小镇上的每一棵野生樱桃树仿佛都逃不过樱桃雀和知更鸟的眼睛。在那些树木那里，你一定能够发现它们的踪迹，就好像你看到蓟花，就能够看见蝴蝶和蜜蜂一样。如果我们长时间在那里停留，它们就会飞到另外一棵我们不知道而它们知道的树上。现在，附近的野生樱桃已经果实累累，再加上鸟类的出现，好像春天又回来了。

我们最后又向那静谧的田野和树林中走去。经过一两英里的路程以后，我在篱笆边上看见一株接骨木，当我正在采摘果实的时候，突然发现一群小金胸知更鸟和小蓝鸫。这让我感到非常惊奇，很明显，它们正在树上寻觅食物。就在我的面前，它们从一株树上飞到另一株树上。后来无论我什么时候来到这些果实的旁边，总能找到一群正在吃浆果的可爱小鸟。

按照这样的情况，每年该有多少樱桃核被传播到森林和田野中去呀！尤其是那些小一点的或者是野生的樱桃核，鸟儿更加能够轻松地吞咽下去。

从焚烧过的荒地上长出树木来并不是一件非常新奇的事情。因为在大火来临时，小树和弱树的根部很容易就能躲过。但是如果树林并没有被烧毁，所有的树木都该存在的话，那么它们存活的概率就很小了。现在它们不仅可以在那里生长，而且因为地面被大火清理，种子也能够生根发芽了。

很明显，鸟类和鼠类最爱的食物就是浆果、野果和种子，这不足为奇。依据我的判断，我倾向于认为几乎所有的这些食物都适合它们，无论是硬的、干的、苦的、酸的、微小的还是无味的，因为它们与我们的口味是不同的。

例如，在秋冬季节，红雪松的种子到底能给多少种鸟儿提供食物呢？根据鸟类学家的研究，最常见的鸟儿有樱桃雀、知更鸟、蓝鸫、大嘴松雀、爱神木雀、紫雀、嘲鸫。但是根据我的观察，应该还有一种鸟儿，那就是乌鸦。这些鸟可能对爬藤类植物的浆果也颇有兴趣。威尔逊说，红雪松的果子是樱桃雀最喜欢吃的果子。“有时能够看见一小株红雪松周围就萦绕着三四十只樱桃雀，它们站在树的枝杈上吃果子。”据奥德朋观察，“雪松鸟是一种食欲非常旺盛的鸟，又叫作樱桃雀。它最明显的特性就是将碰到的每一颗浆果或者是果实都吃到肚子里去。因为这种性格特征的驱使，它们遇到食物就会拼命地去吃，有时甚至因为撑得实在飞不动了而悲惨地让人抓住”。

在康科德，尤其是小镇的南边，红雪松的数量并不是非常多。于是，过去的时候我常常会想，20 年前我在我们地区一个山丘上看到一棵正在生长的红雪松是从哪里来的。但是有一年冬天，天气非常寒冷，我正好在观察瓦尔登湖上的乌鸦，它们总是等到渔人走后，就有规律地飞到冰上打好的洞口处，因为那里有渔人留下来的饵料。我发现它们总是将大量的红雪松和伏牛花籽掉落在冰上。在林肯市的弗林特湖边小树林中，雪松最近结果了。从湖边向东走 1 英里，那里的伏牛花有很多，和雪松完全混杂在一起，而在康科德，它们却并不生长。我看见乌鸦在吃掉那边的雪松和伏牛花果子，将渔人在弗林特湖边掉下的鱼饵捡起来之后，会再飞到瓦尔登湖上去看看，寻找一点其他的食物。从那以后，当我再次看到山上长起来很多雪松的时候，就不再觉得非常奇怪了。

伏牛花的种子就像它的果实一样，酸味十分浓重，尽管如此，乌鸦还是大量地传播着它们，就好像传播在灌木丛中的苹果籽一样。知更鸟也在帮忙传播伏牛花的种子，秋天时，它们大量地进食，还有其他种类的鸟儿也是如此，有时候，我在老鸟的鸟窝里能够看见半鸟窝的种子。就连老鼠可能也在帮忙传播。在冬天，一只飞到伏牛花簇和漆树上的鹌鹑被我惊动了，看着它在上面不停跳动的样子，我猜测它们一定也吃了这两种植物的果子。

或许没有人会认为杨梅果是鸟类喜爱的食物，但是据说很多种鸟儿都喜爱吃，例如香桃木雀、黄尾莺、嘲鸫、隐士夜鸫、知更鸟。威尔逊说他曾经在夏末时节的巨卵港看到了银胸燕子，它们已经完全将香桃木丛占据了，“在离开之前的那段时间里，它们吃的主要食物就是香桃木的浆果，因此它们变得非常胖”。

据我所知，在这个镇里，只有一处杨梅丛特别丰饶，可是到了 10 月中旬的时候，它的果实就全部没有了，很可能就是被鸟吃掉了。因为那里的鸟有很多，并且绝大部分都会待到第二年。

紫树也被人们称作多花紫树，它的果实非常酸，而且还小，但是它的果核却非常大，如果给你吃一下，你绝对不想再去吃第二口。但对于鸟类来说，它却有着非常大的吸引力，尤其是对知更鸟来说。威尔逊说：“它们非常喜爱紫树的浆果，无论是哪里的紫树，只要有一棵已经结果，就会将附近的知更鸟成群地吸引过来，这时，猎人们只需要站得近一点，瞄准开枪就能收获颇丰。

它们一群接着一群地飞过来，并且持续整整一天，像这样的情况，想要猎杀它们简直是轻而易举的事情。”

还有一些鸟也吃紫树的果实，比如红胸大嘴雀。它是一种饥不择食的鸟，并且非常贪吃。啄木鸟的胃口也非常大，另外还有嘲鸫、蓝鸫、樱桃雀以及朱顶啄木鸟。

在《植物园》中，劳敦谈道：“在瑞典、利福尼亚、卡姆查特克的花楸，其浆果成熟的时候，被人们当作水果吃。”我们已经将同样的品种引入，虽然我们镇里只有一棵。我认为一定是那里的气候迫使它们发生了一些变化，否则那里的居民绝不会把花楸的浆果当水果吃。尽管我知道没有什么东西的味道会像花楸浆果一样酸涩，但是总有某一处的人们在吃。就我而言，花楸果实的味道实在苦涩难忍，我不明白为什么鸟类可以吃得下去。我发现，它们根本就不会去咀嚼果子，而是整个吞下去。而且我还发现，樱桃雀、知更鸟、紫雀和利福尼亚人的口味是相同的。伊夫林说，画眉也非常喜欢这种果子，只要在自己的树林里栽种上这种树，就会有画眉在周围飞来飞去。

9 月 20 日左右，在浆果还没有成熟的时候，生长在院子前的树上就会落满小鸟，它们都是来吃果子的。如果你认为它们吃上几口之后就会离开，那你就大错特错了，它们不将橘子树丛彻底扫荡一遍是绝对不会停止的。这种情况与蜜蜂极为相似，它们在很短的时间内聚集起来，很高兴地将所有的工作都完成了，然后又被派遣到另外一处去做几乎相同的工作。我的邻居向我抱怨说，小鸟已经把大部分的草莓都吃光了，与此同时，小鸟也做了一件非常有意义的事情：当他的院子被花楸果装饰起来的时候，小鸟们仅仅在短暂的几天之内就把果子全部带走了。

不仅仅是少数的种子到处散落，一般情况下，我刚才谈到的一些树的整个果实都被传播者传播到了远处，例如小鸟到处撒落种子，除非那些果实太大而实在无法传播。

我在一个偶然的机会注意到，在这个小镇上的任何一种花楸树都不是土生的，即使是美国品种，也都是通过这种方式播种到这里来的。它们一定是在气候和土壤适合的地方生长。

檫木树所结的果实十分漂亮，但是并不好吃，不过这丝毫不会降低小鸟们的食欲，它们从很早就开始吃这种果实，以至于到现在我几乎找不到一个成熟的檫木果。鸟儿们的口味实在让人难以琢磨，即使那些檫树果又硬又让人讨厌，但它仍然是象牙喙啄木鸟和鸽子爱吃的美味。

无论怎样，树木的果实和种子总是鸟类的食物，而两栖动物、四足动物和鱼类却并不喜欢吃这些。在这一方面，鸟儿具有很大的优势，它们可以很轻易地够着它们，也更适合将种子传播到更远的地方。

我曾说过，想要在9月1日左右研究鸟的习性就应该去寻找野生黑樱桃树、花楸树、商陆等树木，在这些名单外，我们还可以增加另外一些合时令的树和灌木，例如冬青、漆树、刺玫、野玫瑰、葡萄、荚蒾、双果树。上面提到的这些树和灌木的果实也是田鼠和松鼠的最爱。达尔文在谈到英国大山雀的时候说，他曾经“很多次看见并听到它将紫杉的种子敲碎”。我们这里的山雀和英国山雀相差无几，它们可能也把紫杉树的种子作为食物吧。威尔逊提到知更鸟爱吃的商陆果时说：“果汁的颜色是美丽的深红色，那些小鸟大量地将它们吃掉，这时鸟的肚子上就有了同样的红颜色。”这在很偶然的机会也会挽救知更鸟的性命，因为在美食家眼中，这种红色或许是它们的肉有毒的象征。

但更让人惊奇的事情是，鸟类和四足动物几乎都会吃臭菘和海芋莓。

在8月中旬时，大多数的果实正在成熟，或者正在开始慢慢变得成熟，而这个时节，前几年孵化出来的小鸟也刚刚成长起来，正好以这些果实为食。

越橘的种子被传播得非常广，但是我并不确定曾经见到过越橘苗。30年前我曾经在茂密的松林里观察普通的黑越橘灌木丛，发现它们的传播主要依赖于叶子下面的长匐茎。这些长匐茎具有非常旺盛的生长活力，甚至还会分出很多杈子来。我

PRUNUS CERASUS

欧洲樱桃

为了让鸟儿不得不传播种子，樱桃可是将种子进行了巧妙的包装。它把种子包在充满诱惑力的果皮中间，这样一来，想要吃它的动物就必须将果实整个吞下去，包括里面那个硬核种子。

PRUNUS CERASUS

知道单独的灌木丛生长的年限并不长，也就是 8～10 年，但是长匍茎的年龄却和树林一样长，它们是茂盛的越橘丛的后裔，在某种特定的情况下，那些越橘曾经在开阔的地域内沿着墙生长着。我有时候会对一根长匐茎进行追踪，它在断掉之前大约有 7 英尺的长度，毫无疑问，它本来是想长得更长一些。在它上面，会先后长出三四个灌木丛，这些灌木的生长速度非常缓慢，一年也就长了不超过 1 英寸的长度，而长匐茎的末端却从 6 英寸长到了 12 英寸长。从最大的越橘身上我们就能看到它们的来源，是这些长匐茎，茎的底部会分叉向上长出一丛新的灌木，而茎的另外一叉则继续水平向前生长。

在开阔地势生长的越橘丛，在长到 5 年或者是 6 年的时候长势最好，通常情况下，它们的寿命不会超过 10～12 年。

还有一种越橘被人们叫作矮越橘，或者摆橘、宾州越橘，它的个头相对来说要小很多。在一个非常开阔的地方，我看到它们并不是成排生长的，它们的长度有几英尺，直接从下面的长匐茎长出来，而上面的矮越橘正好标示了长匐茎所在的位置。

偶尔，你也会注意到，在一个被锯掉的五针松的树桩上长出一丛年轻的越橘，位置正好是在树皮和木头的裂缝中，其原因可能是一只鸟儿在树桩上栖息，遗落下一粒种子，然后这粒种子被风吹到了裂缝中，最后发芽生长出来；但是也可能是从下向上生长的长匐茎生长出来的。类似于这种情形的还有梅叶瓜。这类杜鹃科植物据说是最古老的植物，同时也可能是地球上能够存活到最后的植物。越橘不张扬，十分谦卑，但是却拥有非常顽强的生命力，它们就像是森林下面的森林，正在等待最好的时机。

当树林被砍掉两三年之后，通常情况下，你就会在那里看见大量的越橘和蓝莓生长出来，更不用说稠李、花楸等树木了。这些树木和灌木之所以会出现在这里，是因为动物把它们种植在那里，就好像我将要提到的小橡树，可能在树林被砍伐之前，它已经很幸运地生长在那里了。大自然将各种各样的树木养育在她的苗圃里，并且给予植物充足的供给，使它们随时都能抵御各种灾害，例如大风、砍伐、火灾等。

我看见橡树籽和其他浆果的种子，以自己的方式落在森林里的岩石上以及鸟儿栖息的牧场上，它们不停地按照季节去进行播种。

也许最爱吃浆果的动物就是鸟类。威尔逊说，每年樱桃雀都会有一次阿莱干尼的樱桃之旅，那里的浆果几乎供应了红雀和唐纳雀一整个夏天的食物。另外我们还可以加上大冠鹬、草原松鸡、小绿冠�、知更鸟、斑鸠、画眉、鸽子、棕鹤等，其他很多种鸟类也以此为食。乔治·爱默生说，野鸽群的食物就是低矮的蓝莓。

越橘也是狐狸爱吃的食物。我经常能够看见越橘的种子和狐狸吃过的动物的毛和骨头混杂在一起。去年9月的时候，我的手上正好有两个案例：分别在不同的日期对狐狸的粪便进行研究，它们在树林里相隔很远的地方，粪便里主要有土拨鼠的皮和一部分门牙与下巴，同时还混合着越橘种子和完整的越橘果。这样一来，我们就可以得出结论，狐狸喜欢的菜有两种，一种是土拨鼠，另一种则是越橘。看来，大自然不仅委派了小鸟来传播越橘种子，同时还委派了狐狸这个并不安分的猎人来传播，为什么说它不安分呢？因为在狐狸的粪便中，我常常还会看到其他小水果的种子，或许是冬青，又或许是刺玫果。

按照相似的方式，稠李和蓝莓等的种子被从洼地里清理出来以后，准备在那里发芽，但是之后又被一些枫树或者是其他的树种挡住了生存之路。

去年10月，我从一片富饶的低地经过时，看到大量芦笋的种子，它们呈鲜红的颜色，散落在已经凋落的芦笋枝干中间。如果计算整个面积，至少应该有1英亩，而种子一定有许多蒲式耳。这个景象非常生动地说明，小鸟传播种子的面积是非常巨大的。

紧接着，我又对北面12杆远的地方进行观察，在路的另一边还没有开发的山侧灌木丛生。我看见那里两三英尺高的植物有很多，它们长在草和灌木的中间，上面已经结满了种子，它们之所以会出现在这里，一定是鸟儿从前面提到过的那片地里带过去的。在这镇子最荒远的洼地里，我还有一个新的发现，那里长着结实瘦小的植物，小小的，上面也结了种子。那里偏僻，距离最近的房子也就只有1英里。在后面所举到的案例中，那些植物并没有提供什么有价值的线索，绝大部分人都不认识它。

近几年来，我又注意到一种现象，在瓦尔登湖旁边的树林里，长着许多小西红柿，有时，这些植物就会从空心的树桩中长出来，这里距离最近的房子或者是人们的花园至少也有0.75英里，之所以会出现在那里，很可能就是因为人们到树林中野餐时遗落下种子，又或者是它们被鸟儿带到了那里，而它们在那里并不结果实。但是据我观察，几乎没有鸟儿会来我的花园啄食西红柿，我也没有见过自然生长的土豆苗，即使这种苗子和树林中的苗子同宗，并且种类更加丰富。只要是种子，黄雀就十分感兴趣，它因此而有了各种各样的名字。其中比较主要的名字是蓟鸟，但是我发现，我的很多喜欢收集种子的邻居叫它莴苣鸟；而另外有一个邻居，认为它是偷葵花籽的鸟，于是它又有了新的叫法，也许还有人会称呼它为大麻鸟。

那么苹果树是如何传播到各地的呢？它们以牛或者其他四足动物作为传播的媒介，在很多地方成长为茂密的树林，并且严密得几乎不能通过；同时也为果园创造出了很多优良的品种。

解冻后的苹果经常大量地成为乌鸦的食物，如果你能够观察到乌鸦的牙髓，很容易就会发现，里面就包含有苹果屑。我曾经注意到，它们在这个州生活的时候，几乎会把所有的苹果都运走。有一年冬天，我在河边雪地的一棵橡树下，看到一些解冻以后的苹果屑，远处还有两三行乌鸦的足迹和粪便，这一定是前来橡树栖息的乌鸦所留下来的，不过这里并没有发现松鼠和其他动物的痕迹。树下的雪地上有很多圆洞，我把手伸进这些洞中，在每一个洞中都能摸出一个苹果。这让人觉得很奇怪，距离这里最近的苹果树也在 30 杆远的河对岸。显而易见，这是乌鸦的所作所为。它们把解冻后的苹果带到这棵橡树上，然后把还没有掉在雪地里的苹果全部吃完。

樱桃雀、猫鹊、朱顶啄木鸟都喜欢吃苹果和梨，尤其是那些结得早、味道甜的果子，更是它们的最爱。奥特朋曾经见过樱桃雀吃苹果，“尽管它因为受伤而被关在笼中，但是却一直吃着苹果，直到生命的最后一刻”。威尔逊说，朱顶啄木鸟“一旦受到外界的惊吓，就会使劲将张开的喙深深地刺入苹果或梨子中，然后带着它飞到树林里去”。

关于苹果是怎么传播的，我已经在文章中有过描述，这里就不再赘述了。

梨树在很大程度上也是通过自己的努力进入我们的森林和

田野中的，只有较少数的是人工种植的。如果不在花园中播种，那么花园里生长一棵梨树的可能性就是极小的。所以，当我们看到它们自己生长开来，就会觉得非常惊讶。这个小镇在30年前很少有人种植梨树，那个年代，我几乎没有看到过梨树的影子，更不用说梨树的种子了。然而梨树却受到了大自然的垂青，大自然保护着梨树和它的种子，因为从那个时候起已经有十几棵野生的老梨树生长在这里了。在这个镇里，野生梨树的棵数和人工栽培的可能相差无几。

8月份到来的时候，椴树的果实开始成熟并且大量地散落下来，然后顺着溪水漂流，遇到山洪的时候就被冲到内陆地区，甚至还会被风吹到遥远的冰雪天地以及辽阔的大草原上。我曾经在明尼苏达的大草原上，在囊鼠的囊里找到了椴树的果实。

有一年9月，我收集到一些金缕梅的坚果，这些美丽的坚果具有非常特殊的形状，一簇簇地隐藏在泛黄的叶子中间，被严严实实地包裹起来，看上去就好像是穿着紧身的鹿皮裤。我把它们采摘回来，放在我的房间里，将双果的果核分开，显现出里面两个黑色的椭圆形的种子，亮晶晶的。经过三个晚上以后，我在半夜听到了噼啪声，然后开始有一些小东西不时地掉落。等到早上的时候，我发现这种声音正是来自桌上的金缕梅坚果，这是它裂开的声音。它的种子十分坚硬，就好像石头一样，飞溅开来，弄得满屋都是，它们就这样持续了好几年。很明显，并不是坚果壳一裂开种子就会飞溅出来，因为我看见很多坚果的壳裂开以后，种子还是留在里面。甚至果壳已经裂开，但是种子仍然紧紧地贴在果壳上不会掉下去的。我用刀子把果壳撬开以后，一直被果壳底部吸住的种子就开始飞出来。种子光滑的底部好像是不断承受果壳的压力才变平的，最后因为破裂而把种子弹出去，就好像一个东西因为承受了巨大的压力而飞了出去。就是按照这样的方式，金缕梅的坚果以一次上跳 10～15 英尺的高度不断地传播自己，生长在更加广阔的范围之外。

凤仙花的种子皮只要轻轻地一触就可以像开枪一样爆裂开来，这个我们都知道，这个爆裂的过程充满了突然的威力，即使你已经有所准备，这突如其来的声音仍然会让你猛地心惊肉跳。它们的种子弹出来的时候，就好像人们在开枪一样。有时我会带它们回家，过程中，它们就会在我的帽子中爆裂。德·康多尔说，这种植物在美国的花园里是桀骜不驯的，但是到了英格兰以后却完全变了个样子，已经被完美地驯服了。

香杨梅种子是依靠河水传播的，总是生长在河边、溪边以及草地上。仲冬时节，我在已经冻结的河边草地的冰中发现了大量的香杨梅的种子，观察它们的样子，就好像是被河水冲上来的一样，这样它们也许就可能被种植在波浪线附近。春天来临，我看见小溪上面漂满了香杨梅的种子，就好像漂浮着一层泡沫一样。

起绒草的种子也是经常能够见到的，在国外，起绒草还被叫作“漂洗工的蓟花”，常被用于清理制作出来的羊毛。它们从上游的工厂里漂下来，在河面上漂浮着，或者被冲上岸边。在上游使用起绒草的工厂里，运转机器的流水把种子从一个地方传播到另外一个地方。据说在这个镇里，第一个大面积种植起绒草的人，是通过帮助起绒草种植者清扫马车而得到的种子。那时候，人们并没有钱买起绒草，因此它们的种植已经被完全垄断了。

在深秋季节，你也许可以看到一簇簇正在逐渐变成黑色的木兰，它们全部都折断了，落在牧场或者是林间小道上，巧的是，它们正好都是底部向上，就好像一个勤奋的采药者或农夫故意而为之的。它们喜爱一簇簇地生长在地上，然后枝干全部交织在一起，因此当大风来临时，它们就被一起吹断并散落在地上。让人惊奇的是，每当大风吹过之后，它们总能保持底部朝上的形状。我在方圆4英寸之内经常会看到3～15根的茎堆在一起，就好像有人故意把它们采下来又堆放在一起一样。

在这个季节，你还能看见野草四处飘飞，滚落在牧场里，或者是从墙壁和岩石上飞过。

这些植物的种子在干燥的大地上覆盖着，很容易就被人们所发现，就像蔷薇和桂花，它们的种子数量非常大，并且可以通过各种各样的方式进行传播。我曾经看见油松树桩上长出一株非常大的蔷薇，并且保持着自己的形状，它距离地面的高度为1英尺，但是根已经深入腐烂的木头中足足有一两英寸。从这种情况来看，岩蔷薇的种子很可能是被雪吹到了那里，而雪的高度正好与树桩的高度比较接近。因此，一般情况下对于青草和杂草来说，大自然会给它们铺上雪白的床单，将它们散落下来的种子接住，这样看起来就非常显眼，麻雀就能轻而易举地发现并传播它们。

就好像老杰拉德写的一样，草本植物的种子“随风飘走”。

5月9日前后，我们开始看到蒲公英，它们生长在潮湿、遮阴的河岸边的草地上，几乎到处都是。我们开始寻找开放较早的花朵，也许在我们找到黄色的球形花之前，蒲公英已经结籽了。那种包含种子的圆形绒球是男孩子们的最爱，他们通常会将它们摘下来，并用嘴去试探妈妈是否还要它们。如果他们真的能够一口气将它们吹掉，那就表明妈妈们不再要它们了，事实上，很少有人能够一口气将全部种子都吹走的。这种毛茸茸的种子一般在秋天才会出现，现在能够看到它们真的让人感到非常有趣。蒲公英通常是众多线索中的第一个，让我们对自己的任务更加清楚。我们的母亲已经给我们做了十分周详的安排，一些东西已经从我们的身边经过。我们可以完全依赖于自己的天赋，直到有一天，我们能够一口气把种子全部吹散。相对于人的行动速度，大自然可要快出很多。

大约6月4日，那些生长在茂盛草地上的蒲公英已经开始结籽。这时你会看到一朵朵毛茸茸的花球点缀着草地，快乐的孩子们就用蒲公英的梗给自己做上手环。这里是长有蒲公英的最高的一块地。因此，圣·皮埃尔说："把雪松的种子吹到远处也许需要一场暴风雨，但是想要传播蒲公英的种子只要和风就足够了。"

5月20日左右，我观察到第一株勿忘我开始结种子，然后被风吹向牧场的各个地方，矢车菊旁边的草地看上去就好像已经披上了银色的衣装。与我们采摘它们第一朵花时的高度相比，它们现在的位置要高很多。在谈到相似的英国品种时，杰拉德说："这些植物确实生长在未开垦的土地和阳光充足的沙岸上。"

最早结出茸毛种子的植物是我提到的勿忘我、蒲公英、杨树和柳树，而在它们中种子成熟最早的却是榆树。有一种低矮的鼠曲草，晚些时候会把自己的种子传播到低处的道路两边。

德·康多尔曾经提到一种叫蝶须的植物，与勿忘我的类别相同，被叫作美国蜡菊。它最早出现的地方是英国的墓地，后来它的生长范围已经突破了英国的墓地和花园，成为异域非常普遍的一种植物。

每年开花最早的植物是克里格菊，因为它的种子和茸毛从6月13日开始就四处飞舞。每次，我在观察它的花朵之前都会首先留意它的种子，因为这种植物的花只有在上午才开放，并且还需要到户外才能看见，对于大多数人来说这是极为不便的。

在飞蓬所属的种类中，它是第一个开花并结籽的。加拿大飞蓬是与它同类的美洲植物，如今在欧洲它已经成为一种普遍的杂草，德·康多尔发现，这种植物甚至已经被传播到了卡赞。林肯夫人也曾经谈到过这种植物："林奈说加拿大飞蓬能够在欧洲出现是因为它的种子已经飞越了大西洋。"不过，它们的传播并不需要哥伦布的指引。但是根据格雷的说法，另一些物种是欧洲土生土长的品种。

据圣·皮埃尔的观察："会飞的种子到了8月的时候就已经成熟了，而我们所说的强风在9月末或者是10月初的时候才出现。"

大约在8月2日的时候，天空中就开始飞舞蓟花的茸毛，并且一直会持续到冬天。我注意到，尤其在8月和9月，是它们飞舞最盛的时候。

被人称作加拿大蓟花的植物开放得最早，一旦种子成熟，黄雀立马就知道了，要比我们快很多。因为喜食蓟花，黄雀又被称为蓟鸟。蓟花的花冠很快就干了，黄雀把它们一点点撕成碎片，然后全部散落下来。每年，黄雀都会有规律地在乡间撒满花冠，就像我偶尔也会这样做一样。

罗马人有一种属于自己的金翅属鸟，也叫作蓟鸟。根据普林尼的说法，它们是全国最小的鸟，这种鸟以蓟籽作为食物，并且是一种长时间的觅食习惯。蓟籽经常附着在花托之上，如果鸟儿没有将它们释放到空气中，让它们自己去播种的话，它们会因为潮湿而腐烂，或者直接掉在地上。小鸟只是将一小部分蓟籽吃掉，而大部分的种子都会被它们带到天空中，然后凭借自己的运气去播种。

所有的孩子也都会从类似的本能出发，从得到的结果上进行判断，也许也能起到相同的作用。他们经常会用手去触碰蓟花的花冠。在谈到英国黄雀的食物时，穆迪说，尤其是那些带有飞翼的蓟籽，“它们的产量非常大，以至于整个夏天的空气里都充满了粉尘”。他还表示：“这个现象会持续一整年，因为秋风并不会将蓟花的花冠全部都吹去，而较早的千里光又开始开花了，紧接着又是蒲公英，很快又会有很多其他的植物加入这个行列。”

蓟花的颜色是灰白的，和马利筋相比，表面要粗糙很多。蓟花茸毛飘飞的时间也要更早一些。第一眼看到它们在空中飞舞觉得非常有趣，让我很明显地感觉到季节发生了变化。关于这种现象，我每年都会进行记录，将第一次看见它们的时间记下来。

蓟茸漂荡在水面上已经是一种非常常见的现象了，在良港湾的湖上和瓦尔登湖上都能看到。比如，去年的一个下午，当时是5点多，并且刚刚下过一场雨，在瓦尔登湖的中央，我看见许多蓟茸，但是它们大多数并没有种子，有时它们上面会带有种子，并且在水面上1英尺的高度漂浮着，然而奇怪的是，那里并没有风，它们会来到这里，完全是因为被池塘所吸引，而池塘的水面就好像是一股涌流，致使这些茸毛既不会上升也不会落下，而是一直往前行进着。它们的来源或许是蓟花生长的山谷和山坡，而水面上的气流给它们提供了一个良好的运动场所。

它就像一个聪明的气球驾驶员一样，飞越大西洋，然后想要去大洋彼岸生根发芽。如果它正好在飞越荒野时落下，那么那里就成了它的家园。

西奥佛雷斯特生活的年代是在公元前350年，蓟茸已经成为他观察气象的标志物，“一旦海面上到处飘扬着蓟茸，那就预示着大风将要来到了”。在《种植蔬菜的历史》一书中，菲利普说:“在没有风时,看到蓟茸漫天飞舞,‘无风林中的树叶却不停地摇摆’,这时就必须要把羊群赶到棚里,并且大声地祈祷,老天保佑你们在即将到来的暴风雨中平安度过!”

去年8月时,在莫纳德诺克山,我看见山顶上飞舞着一簇没有籽的蓟茸,于是我开始寻找它的来源,但是几乎过去了一个星期,我没有任何发现,因为没有任何树上长着蓟茸。或许它并不是来自这里,而是从山脚或者是毗邻的山谷飞来的,由此我可以猜测,有些类似于一枝黄的山地植物,能够从新英格兰的一座山峰飞到另外一座山峰上。

我知道风会将种子带到四面八方,但是具体能够飞多远不得而知。但是有一件事实是,这里两种最常见的蓟都是从欧洲传入的,甚至还是从大西洋的另一边飞过来的,而现在它们已经遍布美国北部的各个州和加拿大。这种蓟又叫作加拿大蓟,好像本来就是美洲土生土长的一样,它们经常生长在新开垦的田地里惹人讨厌,是十分常见的有害植物。如果你骑马走在小道上,你就会发现,沿途道路的两旁都是密密麻麻的加拿大蓟。维吉尔说的话对乡间的人们具有非常重要的作用,人们走出森林开始务农,他们辛苦地劳作着,但是谷物却遭到病害的侵袭,这些有毒的蓟将所有的田地都破坏掉,“一切都因为恶蓟而变色”。蓟的传播丝毫没有神秘感,无论是否含有非常丰富的蓟籽,蓟茸都会在天空中飘浮，这是我们所看到的现象。因此，我们可以说，蓟是一种最有成就感、最擅长飞行的植物。

所谓的成就感，是因为蓟的种子数量是惊人的。有一位作家曾经计算过一粒蓟籽在 5 年之后的收成，如果它们全部生长起来，数量就会超过 7.962 兆。他说："按照这样的速度生长，它不仅会长满整个地球，同时还可以将太阳系的所有星球全部覆盖住，不给其他植物任何生存的机会，每一种植物只能分得 1 平方英尺的空间。"据说蓟之所以会大量地传播，在很大程度上也是依赖于根，加拿大蓟这种植物的繁衍力就非常强。

蓟的冠毛弹性非常好。有一天，我对一株披针蓟进行研究。我把它压扁以后放进一个标本集里整整一年，等我把纸打开的时候，它的头立马弹起 1 英寸多高，里面的茸毛开始向外飞出。如果想要把它留在标本集里，除非我一直不停地压着它。

我经常在 9 月或 10 月份的时候去爬山，当遇到蓟时，就会将其冠拔断，然后它们就变成了碎片，于是它们就开始在干枯的牧场上飞舞起来，在我看来，即使是这样一个小的碎片，同样也承载着像更大物体一样的重要使命。最近西北天空中总会出现彗星，但是这并没有影响我对蓟茸的关注。这种从手里不断飞起的茸毛，里面包含着许许多多的种子，不断地扩散出去，一直飞到几百英尺高，最后在东方渐渐地隐没。这看起来不像是热气球吗？天文学家可以计算彗星的轨道，它绕着核心运转，也许它的稳定性还比不上蓟籽呢。但是蓟茸的飞行轨道和即将在哪里落下种子会有哪位天文学家计算出来吗？在你进入睡梦中的时候，它也许还在继续飞翔。

最近在10月里，我总是把蓟的冠保护起来，至少可以保护蓟茸不受秋雨的侵袭。当我把蓟茸取下来的时候，大部分种子就会留在花托里面，它们整齐有序地排列着，形状就好像一丛毛刺一样，也像一颗子弹。一个个空心的圆柱看上去就好像是许许多多的四边形、五边形、六边形挤在一起。这种低垂在半空的蓟冠着实难看，我没有见过比这更难看的东西了。但是如果你去仔细地观察，你就会发现刺手而干燥的花被里紧紧地包裹着种子，外表看起来惹人憎恶，但是内在却光滑漂亮，这丑陋的外表完全是为了对付外敌的需要而长成的。它由又薄又窄的鳞状小叶片构成，具有丝一般浅棕色的光泽，是那些柔弱种子茸毛最适宜的接收器，就像一个拥有真丝内衬的摇篮，而那些种子就像是一个小王子一样安安静静地睡在里面。种子在锦缎似的天花板下保持着干燥，而我们能看见的只是粗糙得像长了青苔一样的外表。就这样，它好像是夏日里一件已经磨损的物品，被弃置在路边的泥地里，但事实上，它并不是弃置品，而是一个百宝箱。

深秋时节，我经常能够看见那些干瘪的蓟茸仍然在田野上

CIRSIUM ARVENSE

田蓟

当我把蓟茸取下来的时候，大部分种子就会留在花托里面，它们整齐有序地排列着，形状就好像一丛毛刺一样，也像一颗子弹。一个个空心的圆柱看上去就好像是许许多多的四边形、五边形、六边形挤在一起。

CIRSIUM ARVENSE

飘荡着，但是它们已经没有用处了，它们的精华已经不再了，也许是被那些饥饿的黄雀吃掉了。因为缺少了种子的负累，这些蓟茸被风轻轻一吹就四处飞散了，丝毫没有障碍地到处飘荡，也许这一次它们是飘得最久的也是最远的，最后在某一处停留下来，但遗憾的是它们终究不能长成一株蓟。

这些蓟让我深有感触，就好像是一些人无果的事业。他们终日为了自己的梦想而奔波，但只是经历了这个过程，实际上什么也没有得到。那些整日匆忙的商人和股票经纪人，要么就是贷款做生意，要么就是在股市里进行一次次失败的赌博，蠢蠢欲动，但却始终没有一个明确的目标。这一切在我的眼里，都是无谓的忙乱，什么都没有留存下来。面对这样一位痴迷的商人，你想要引导他，当再一次的风吹来时，要将他安顿好，那么花费一点时间是值得的，你让他仔细看看自己身下到底有没有能够成功的种子。你可能会知道，这样的人如果他飘浮得慢一点，稳健一点，负重再多一点，他的事业或许仍旧充满希望之光。

等到8月中旬时，火草的茸毛就开始漫天飞舞，这种植物也叫直叶火草或柳叶火草，不过称它为火草未免有失妥当，因为它们会以同样的方式在一片植被很少的地上长出来，至于砍伐、烧荒等清理田地的方式，对它们并没有太大的影响。我承认，焚烧过后的火灰是这些杂草最好的肥料，许多其他种类的植物也都有着这样的习性。在萌芽林中，有些地方就非常适合火草生长，那里最近被清理过，是一片有很多碎石的空地。在这种地方，天空中飘满了随时准备落地生根的种子。也许它们早已在林子被砍伐之前就吹了进来，并且在那里扎根，一直在土壤里保存着活力。又或许这种种子很善于躲避火灾，即使大火引起的风也可以保护它们不受伤害。在缅因州的野外，我曾经看到大量的火草，它们在被砍伐或烧过的土地里生长着，1 英亩以内密密麻麻地全部都是，开花时的颜色是粉红色的，即使距离很远，你也可能一下子就认出它们来。

关于直叶火草，人们最普遍的看法就是它们是自然生长的。它们被人们注意的时候，往往是在被火烧过的空地上，紧接着它们便开始密密麻麻地生长起来。但是，根据我的观察，直叶火草在我们的林地中是一种非常普遍的植物，几乎到处都是，只是在生长茂盛的林地中相对要少一些。它与蓟最相似的地方就是十分多产，并且容易飘散。有风吹来，几乎上百万的火草种子就会被吹到巷子里去，只是我们走过的时候并没有十分在意。1861 年，《论坛报》的一位记者从纽约的奇南戈县发回一篇报道，其中谈到大约 60 年前，只要发生烧荒，那里就会遭受火草的残害。他说："花朵上长着纤细的茸毛，四处飘散，不仅会呛到人的鼻子，还会阻挡人们的视线，糟糕的是第二年的庄稼地里到处都长满了火草，因此我们为了避免它们，只好整日罩着面纱出门。”

为什么要说火草是自然生长的呢？对于那些坚持这个理论的人们来说，如果火草是自然生长的，如何解释欧洲没有美洲长得多呢？加拿大蓟也是这样自然生长的，但为什么在蓟的种子从欧洲传来以前这种杂草就没有出现呢？对于火草在欧洲相应的地区能从种子里长出来的情况我从不怀疑。如果没有火草，这种神秘生长也会像发生在这里的情况一样。但是，如果种子只是被带到那里之后生长，而之前并没有发生，这难道说明种子对它的生长是没有必要的？

并且，在下一年砍伐以后，伴随火草生长的都是多年生的杂草植物，在它们被砍伐之前就已经在林子中生长了一年了。你们仔细观察就会发现，它们的根状叶来源于一枝黄、火草、蓟、紫菀等几种草。那些草通常情况下很少能够活两年，或者难以活到成熟，除非林子被砍伐。

几乎整个美洲都遍布马利筋，其中有四种在这个小镇上比较常见，即尖叶马利筋、卷叶马利筋、水马利筋和普通马利筋。与蓟的茸毛相比较，它们的茸毛要漂亮一些。尤其是普通马利筋的茸毛，具有丝滑感，经常被人们称作维多利亚丝。据卡姆说，加拿大人称这种植物为絮菊。“穷人们会将它的茸毛收集起来，并且铺在床铺上，尤其是要铺在孩子们的床上，从而更好地实现羽绒的作用。”康多尔说，这种植物已经被栽培起来，人们把它们的茸毛当成棉花或者羽毛来使用，并且这种做法已经传到了南欧。

9月16日左右，最早的马利筋茸毛开始到处飞舞，而尖叶马利筋的种子散布时间要晚一些，到了10月20到25日的时候，种子才开始从中部裂开。我曾经在春大看见空中飘浮着一种马利筋的籽荚。这个籽荚又厚又大，上面还带有软刺，在茎干上呈现不同的角度，就好像是一种装饰物一样。卷叶马利筋的籽荚非常纤细，且很直，长度大约有5英寸。而水马利筋的茸毛大约要在10月4日开始飞舞，它的籽荚纤细并且非常小，尖锐而笔直，种子非常大，并且还带有边缘，有的还会带有翅翼。

这里我们只谈论一下尖叶马利筋。如果你把它的籽荚剥开，从里外两个面看它，就会发现它的形状与一只独木舟十分相似。当籽荚变得干枯，它们就会向上翘起，然后沿着外边或者棱线裂开，将里面棕色的种子露出来，这时你能够看到银色的薄薄的膜，降落伞一样，像极了上等的丝绸。它们还会被有些孩子叫作丝鱼或者种子鬃毛。把它们放平在地上，看起来圆圆的、胖胖的，像极了有着棕色脑袋的银鱼。

它的种子大约有200粒，呈梨形或秤针形，严密结实地挤在小小的籽荚中。当然，种子的数目也是不一定的，有一次我数到

134 粒，而另一次则数到了 270 粒。籽荚的外面包裹着一层软毛刺，而里面则是光滑的衬子，好像丝绸一样。它们与核并没有脱离开来，而是由很多根细丝连接起来，于是这些细丝也成了营养传递的途径。核并不是一个整体，而是分成几节，丝线通常也会分成一两段。

种子快要成熟的时候，已经不需要再从母体植物吸收营养了，这时籽荚干燥得破裂开来，那些漂亮的小鱼开始松动，并且将它们棕色的鳞片抬起，丝线也开始和果核分离，不再为种子提供营养，或许会变成气球飘浮在空中，就好像蜘蛛网一样，将种子带到遥远的地方。它们比上等的丝线还要好，那些吃饱的种子很快就被它们送到更远的地方。

通常下过雨之后，籽荚就会开裂，裂口出现在底部，正好躲过了阵雨。慢慢地，种子上部分外面的茸毛被吹飞了，但是它们仍然保持在籽荚中间的位置，与核紧密相连。在一些更加干燥并且开裂大的籽荚顶部，偶然地聚集了一小簇已经松动的种子和茸毛，它们就好像海港上随时等待出发的船，只要有风吹来，就会向四周飘散开来。但是在强风来临之前，它们可能要经过长时间的摇晃才行，与此同时，里面的茸毛会变得更加干燥、伸展，浮力更加强大。最后这些白色茸毛变成拳头大小的样子。有一个邻居告诉我，如今这种植物正在不断地减少。

那些已经被释放出来的种子，过不了多久就会降落在地上，这时如果有一阵强风吹来，它们就会飞到更遥远的地方。

如果你继续观察，就会看到其他已经张开的籽荚中，全部都变空了，只留下一个棕色的核。这时你会惊奇于自然的造物，这个壳的内衬是多么精致、光滑、白皙呀。

9月末，如果你在阁楼上的窗户前坐着，就能看见许许多多的马利筋茸毛从眼前飞过，它们舞动着，尽管它们中有的种子已经不在了。也许你对这些茸毛的母株并不了解，但是它们也许就在你附近的地方茁壮地生长着。

1860年8月26日，山谷里的马利筋吸引了我的注意，它们能在这里扎根的原因很可能就是大风将种子吹到了这里。

显而易见，当强风在裸露的平原和山丘刮起的时候，种子就被吹到了这里，而这个寂静的山谷很轻易地就接受了它们，并且将它们好好地安置，让它们生根发芽。

有一天下午，我去科南特姆散步，途中经过梅哲瑞山，后又经过李家桥进入林肯市。在铁线莲溪旁边的一片空草地上，我看见很多尖叶马利筋，它们的籽荚向上翻起，正在开裂。我轻轻地将这些种子摘下来，那些细腻的丝线立即就弹开了，然后变成了一个相互之间毫无关联的半球形，所有的线都像棱镜一样折射出美丽的色彩。这些种子的翅翼非常宽大，能够很好地帮助种子保持平衡，以防它们不停地打旋。我放任其中的一个去飞，开始的时候它上升得极为缓慢，也并不是特别稳定，我担心它很快会在树林中降落，因为我看不到任何气流的作用。然而我的担心完全是多余的，它并没有降落下来，在靠近树林的时候，它很好地飞越过去，紧接着遇到了一股非常强劲的风，于是它快速地朝反方向飞了过去，之后飞越了迪肯·法勒家的树林，向更高的地方飞去。风不停地吹着，它起伏波动着，等到50杆远的地方，它已经上升到100英尺多高了。它接着向南飞去，渐渐地脱离了我的视线。

我就这样看着它在天空逐渐消失，和劳利亚特先生一样，我也拥有非常高的兴致。在这种情况下，种子并不会冒险返回到地面上，而是等到晚上空气湿润静止的时候，被一股风带进一个山谷中或者是一个小小的溪水旁边，落到地面上，来结束它的飞行。然而今天的下降并不是终结，也许明天又会升起来。

按照这样的传播方式，这些种子一代又一代地在森林、湖泊和山峦上舞动着。在这个季节中，还有许许多多这样的气球以同样的方式飞翔着！有多少能够飞过山丘、河流、草地，在每一处留下不同的足迹？直到有一阵风吹过，它们就会被带到新的地区，可是又有谁知道那是多少英里之外呢？我实在琢磨不透，但是在新英格兰成熟的种子确实可以在宾夕法尼亚生长起来。

不管怎么样，我总是对秋季里冒险旅行的种子充满兴趣，对它们的命运充满了关切。为了这样一个结局，这些像丝绸一样的飘带利用一整个夏天来完善自己，然后将种子舒适地包裹起来，仿佛给它们提供了一个非常轻盈的盒子。为了最后的目标，它们已经做了充足完好的准备。这不仅仅是秋天的预言，同时还暗示着未来的春天，丹尼尔和米勒的预言有谁会相信呢？他们说世界终会在这个夏天完结，而这个时候，那些有信仰的马利筋种子正在逐渐趋向于成熟。

我将两个已经开裂的籽荚带回了家，然后每天都会情不自禁地将其中的一些种子释放出来，然后看着它们缓缓地升到天空，逐渐消失在天际。而它们上升的速度快慢可以用来检查天气状况，就像天然气压计一样。

快要到 11 月末的时候，在我们这个地区或许已经有积雪了，但是我偶尔还会在路边看见马利筋籽荚，这时它们的内部已经空空如也。从这里可以想见，连续好几个月的时间，风都在帮助它们传播着种子。

有一种植物的籽荚与马利筋籽荚十分相似，那就是毒狗草。毒狗草的籽荚又细又长，它的外皮是暗红色的，里面却发出淡棕色的光芒。籽荚裂开的方式也是相同的。然后，它们的茸毛种子就被释放出来。在 4 月底时，我看到一粒还没有裂开的毒狗草籽荚。

过了9月中旬，许多花朵的命运都被霜冻终结了，这时我们开始见到它们的种子。到了9月18日，有两三种山柳菊开始结籽了。它们的淡黄色的小球成为森林中一道亮丽的风景，彰显出秋季的特征。几乎在所有的草地上，秋蒲公英又开始重演5月的一幕，它们摇着自己的小绒球又开始新的旅程。

等到9月末，女萎开始生长出茸毛，然而也只有一个月的时间，女萎的叶子基本上就会全部落光，有一株女萎爬上了矮树，我还错以为是这棵树开满了白色的花朵。《一个自然主义者的日记》里曾经提及这种英国的植物，“田鼠在堤岸上打洞，而我则停留洞口仔细观察这种长着长毛的种子，也许在冬季严寒的时节里，那些动物会将女萎的种子作为过冬的一部分食物”。

大约就是在同样的季节，那些金雀花闪耀着鲜艳的银白色，很快吸引了我的注意力。

几乎所有的一枝黄都会在10月20日左右变成毛茸茸的样子。11月初，很多一枝黄和紫菀已经灰白了将近一个月，这时它们已经有了很大的变化，茸毛又多又厚，在它们经受风霜之前，这些种子就会正好落下或者是被风吹向四面八方。这个时候，它们已经膨胀到了极致，轻盈而洁净。它们像蓟一样的种子是多么微小，飞翔在广袤的田野之上。我们随便摇动一株植物，便会将成千上万的种子放飞到天空中，但是我们在空气中却根本看不到它们的影子。如果你想要在落地时或者是被风吹走之前看到它们，那么你就必须要进行仔细观察才能发现。因为它们个头小，很容易隐蔽，另外，它们的颜色在天空的映衬下也难以识别。它们就像尘埃一样落在我们的衣服上。毫无疑问，通过这样的途径，它们扩散到了更加广阔的田野中，也飞到了很远的森林里。

还有许多这样的种子和一些菊科植物的种子，会一直保留一整个冬天，就像斑鸠菊一样，等到春天来临时，种子才会传播出去。

林奈将很大一类植物称为“黏着植物”，这是因为这类植物的种子或者果实上长着小钩或者是小刺，或者是其他的类似物。它们通过这些附着在接触过的行人或者是动物身上，传播到远处。这种植物在附近最常见的是不同类的鬼针草和金钱草，另外还有龙牙草、露珠草、猪殃殃、牛蒡等。

当作物凋零枯萎的时候，一座森林又成长起来了。蒺藜、牛蒡、不结果的燕麦和有害的麦仙翁将整片耕地统治起来。

鬼针草的种子具有非常特殊的形状，有点像是小小的、扁平的棕色箭筒，向外吐出 2～6 发向下低垂的箭。我们这里的鬼针草有 5 个品种。其中最早的鬼针草在 10 月 1 日左右成熟。在整个 10 月，如果你有机会从一个半干的池塘上穿越过去，或者围着池塘行走一圈，你就会有一个惊人的发现，这些种子附着在你衣服上的数量是巨大的。就好像你在无意之中经过了一个小人国，对于你的突然侵犯，该国数不清又看不见的士兵满含愤怒地向你射出了所有的标枪和利箭一样，尽管它们还够不到你的大腿，但是依旧不会放过你，它们不断地将两针的、三针的、四针的种子沾到你的身上，直到沾满你的衣服为止。一旦被它们沾到身上，就很难用手刷下来，即使最爱整洁的人也无可奈何，只能带着它们前行。有时，到了 1 月中旬，它们的数量还有很多。

有一种鬼针草就适宜在水中生长，通常你会在河里看到它们，然后朝着很多地方开始蔓延，以至于沾到路过动物身上的概率很小。然而水貂、涉水鸟、麝鼠、奶牛、驼鹿、涉水鱼貂并不会介意弄湿它们的衣服，它们是传播鬼针草种子最好的选择。需要注意的是，这种类型的箭筒所含的箭是最多的。

我在这个小镇总共发现了 8 种金钱草的种子，它们在两个相连的籽荚中包裹着，看上去就好像是一根很短的钻石项链，种子的形状是三角形或者是圆形，上面覆盖着非常密集的微小钩状绒毛。大约到了 8 月 31 日，最早的一批种子就已经成熟了。

鬼针草生长的地方是池塘，金钱草生长的地方是悬崖，它们都在等待着行人或者野兽路过，然后将种子附着在他们身上，以此来传播它们的种子！9月时，我爬上山崖摘葡萄的时候，金钱草籽总是会沾满衣服，尤其是锥叶金钱草和圆叶金钱草，不论你的步履多么匆忙，它们总会有时间沾在你的衣服上，甚至还是一整排籽荚，看起来就好像是一片窄锯的刀锋，上面长出了四五颗大牙齿。它们甚至还会沾在你的手上，非常牢固，就好像婴儿本能地紧贴在母亲的胸前一样。它们渴望去到一块处女地，在一个新的地方成长起来，去异域寻找它们的运气。它们悄悄地沾到你的身上，然后随着你去远方旅行，因为它们知道，你并不会再回到它生长的地方。我们在户外行走，没有被粘鸟胶搞得狼狈，却被迫携带着这些种子，然后把它们带到四面八方。这些无形的网是为我们展开的，鬼针草和金钱草就通过这样的方式让我们将它们传播出去。

如果你不能脱离那个环境，当它们沾满你全身的时候，即使你花费了很长时间将它们取下来也没有用，过不了多久，你就会发现自己又被沾了满身，就好像穿着一件用金钱草种子做成的棕色鳞片外套，上面还夹杂着鬼针草的针。每当这时，你就必须要找到一个方便的地方，然后花费将近15分钟的时间将它们全部清除掉。与其说对我方便，还不如说对它们更加方便，这样它们就可以很快去到一个新的地方，被传播到他乡。

因此我们可以说，在大自然看来，即使是衣衫褴褛的流浪汉也是有用途的，只要他能够走动，就可以参与种子的传播。

我和一个同伴在一天下午出游，我们沿着河向下游走去，并且走了很远。当我们从河边的一大片金钱草丛穿过的时候，发现自己的裤子上已经沾满了这种植物的种子，并且数量大到惊人，几乎到了引人发笑的程度。这种植物也叫作马里兰金钱草或直梗金钱草，它们的种子呈绿色鳞片状，密密麻麻地布满了我们的裤子，这令我想起了落在沟壑中的外稃。这就是我们这次远足所经历的惊奇之事，看上去就好像每人穿了一件铠甲，这甚至还给我们带来一点自豪感，我们互相看着对方，眼神中充满了羡慕之情，就好像对方所沾到的种子更加独特一样。对于这件事情，我的同伴滋生出一些宗教方面的想法，他对于我故意走过那片金钱草丛沾上更多钩子的做法进行责备，我们也不应该将它们直接摘去，而是应该一直将它们带在身上，直到种子自己找到合适的地方自然脱落下去。结果过了一两天之后，我们再次去散步的时候，他的衣服仍旧和当时一样沾满了金钱草的种子。我由此看见，通过他的迷信竟然将大自然的设计深化了。

我们经常说，一个人的衣服是旧的、褴褛的，而褴褛的和结籽的是同一个单词，或者其主要的意思就是指衣服就像已经结籽的植物一样破旧了，或者也有这样一种可能，它们上面沾到了很多种子，因此而变得不再洁净。

牛蒡的果实也具有这样的特性。孩子们经常会用它来建谷仓和房子，甚至不需要一丁点儿灰浆。无论是人还是动物的外衣，都能够成为它们传播的载体。有一只猫的身上沾满了牛蒡籽，自己无法清除，还是我帮它清理干净的。另外，我还能经常看见奶牛的尾巴上沾满成串的牛蒡籽，或许它将尾巴甩来甩去的目的就是为了驱赶自己想象中的苍蝇。

某年1月份，我踏着深雪回到家中，发现穿着的外衣边上竟然附着带有刺的干果，我很诧异，不知道在这个季节哪里能看到一株这样的植物，但我终究是将它带回了家。由此也可以看到，即使在这样大雪纷飞的季节，大自然也并没有将她的植物忘记。也正是通过这样的传播方式，这种欧洲的植物出现在了美洲。

也许我能从工厂里拣羊毛的人的口中知道一些什么。很明显，许多杂草是从地面上开始生长起来的，至少它们暂时生长在那里，而废羊毛给它们的生长提供了良好的生长环境。鸟类学家威尔逊说，在他们生活的年代，俄亥俄州和密西西比州到处都生长着苍耳，“在牧场上，那些羊身上被结实的刺果团覆盖着，人们实在懒得帮它们清理，于是这些刺果团就混入了所产的羊毛中”。康多尔也说，因为这里要清洗来自东方的羊毛，蒙彼埃利附近就生长有很多异国如巴巴里、比萨拉比亚、叙利亚等的植物，事实上，它们绝大部分没有在这些国家生存下来。

几年前，我知道在这个小镇的某一个地方有自然生长的狗舌草。我把它们的坚果摘下来，用手帕包住揣在口袋中带回家，但是当我回到家后，想要把它们拿出来时却出现了很多困难，中途还扯断了好多根线。因为我已经与这种植物有过接触，于是我必须花费20分钟的时间来清理我自己。但是我并不介意，并且在下一个春天，我把去年8月采集的这种植物的种子交给了我的妹妹和一位年轻的女士，我没有恶意，只是希望她们去传播它，因为这种植物实在太少见了。她们将种子种下去以后，内心充满了期待，等到第二年时候，这狗舌草才开出花来。这种花和气味都让人十分着迷，引来很多前来观赏的人。但是我的耳边突然传来一阵大的喊叫声，原来是一位光顾花园的客人衣服上沾上了这种植物的种子。我得知这位年轻女士的母亲有一天要出去旅行，于是就到花园中采摘了玫瑰，后来到了波士顿才发现原来自己的身上已经附着了很多种子，而我竟然完全不知晓。因此正是这种花邀请你去看并采摘它们，好像一切都是设定好的一样，其最终的目的就是帮助它们传播种子，而不用支付铁路公司任何费用。于是这种植物就通过这样的方式传播到四面八方，而我的目的正是如此。从此我将不再为这件事情而担心了。

在这种种子的传播方面，文明人的功劳要大于野蛮人。皮克林在谈论种族的文章里说："澳大利亚的土著人大部分都不穿衣服，因此工业生产很少，与其他人相比，也许在种子和植物的传播方面就要少了很多。”

1860年10月13日，我看到了一幅非常壮观的景象，海寿籽把蛤壳山下的岸边覆盖成了绿色，它们出现在这里是因为漂流到这儿之后就停了下来，里面还混杂着珍珠菜的细果、风箱树籽和俗狸藻的圆叶绿枝。由此可见，也许它们就是这样传播的。我在篱笆边和桥梁边还看见很多，上面的绿色叶蕾看起来十分显眼。它们的种子传播主要是在秋天和冬天两个季节。

9月1日左右，我看见楣蕊芋花梗的长度有1英尺半到2英尺，沿着河边或者在草地上卷曲低垂着，球状的绿色果实就挂在末端，直径有2英寸长，看起来就好像是吊挂着的子弹，里面包着大量的种子或者是坚果。这些果实看起来非常沉重，弯曲向下，与地面的距离非常近，尽管叶子基本上都已经被削光，但是果实依旧能够躲避过镰刀的侵袭，最后得以保存和传播。大自然把树叶交给了割草机，但是却将种子留下来，让它们等待洪水的到来，以便漂流到更远的地方。

黄百合以同样的方式弯曲着，在水里或者是水下的泥里孕育着它的种子，直到其成熟。它的籽荚是椭圆形的锥体，上面有棱纹，顶部有点像尖尖的鸟喙，里面装满了黄色的种子。白百合的果实与黄百合不同，它在失去黑色的腐叶以后，就长成了一个浅

——— 欧洲百合 ———

黄百合以同样的方式弯曲着，在水里或者是水下的泥里孕育着它的种子，直到其成熟。它的籽荚是椭圆形的锥体，上面有棱纹，顶部有点像尖尖的鸟喙，里面装满了黄色的种子。

LILIUM MARTAGON

底花瓶的形状。百合籽的大小只是苹果籽的 1/4，二者的颜色比较接近，或者百合的籽要稍微紫一些。白百合籽维持的时间要更久一些，当白百合的籽从籽荚里出来以后，籽荚就沉入了水下，而籽则可以漂浮起来。但是一旦它们外面所包裹的黏性物质被冲刷掉以后，它们也会沉入水底，最后在那里生根发芽。圣·皮埃尔说，他完全相信，大自然的作品都具有完美的适应性与和谐性，这是它们最显著的特征，“由此可以推论出，水生植物所生长河流的涨落规律影响着它们的种子在什么时间脱落下来”。

所有的种子都为生物提供了完美的食物。

如果在一片地里挖出一个池塘来，很快就会有各种生物和植物出现，例如水鸟、两栖动物、各种鱼类以及芦苇等各种类型的水生植物。一旦你的池塘已经挖好，那么大自然就开始向里面投放东西。也许你会纳闷这些种子是什么时候、怎样投放进来的，但是不用担心，大自然在照看着它们。她调动起专利局所有的能量，这样种子就能够来到这里了。

1855 年 8 月，我在我们瞌睡谷的一片新墓地上建起了一个人工池塘，这个池塘历经三四年的时间才慢慢地被挖出来。去年，也就是 1859 年，它终于竣工了。如今，它的长度有 12 杆，宽度有 5～6 杆，深度为 2 英尺，而底部是泥土和赤裸的沙子。池塘里的水来自草地上的深泉，而出口是一个非常短浅的沟，然后通向一个很小的水洼，最后再通向半英里之外的一条小河中。

去年我听说了一个情况，人们在池塘还没有完工之前就在其中捕到了许多大一些的狗鱼和小一些的大头鱼。它们一定是从河里游过来的，尽管连接池塘和河的水洼又小又浅。今年，也就是1860年，我在墓地的池塘里又有了新的发现，这里已经长了很多大叶黄百合和石楠百合。就这样，我们在“死亡”中有了生命。我想到的是，这些种子并不是静静地躺在淤泥里，而是由河水带来的。它们在河里的数量很多，也许是从0.25英里之外的草地大沟里来的，于是就成了鱼、两栖动物和小鸟们的食物。威尔逊说睡莲和其他水生植物的种子是雪鹭、大白鹭、大蓝鹭的食物。乌龟很可能也会以种子作为食物，因为我曾经看到过它们在吃腐烂的叶子。如果水流是相通的，鱼也许会先植物而来，最开始的时候，它们以紫菀属植物为食物，也会用它们来隐藏自己不受侵害。鱼在池塘中大量地繁殖，直到那些叶子能够将部分水面遮住，鱼儿们就在这碧绿的帘子下安全地潜伏着。

然而，池塘的水里并没有其他的杂草。

1860年10月18日，我在贝克·斯托南面的一个小池塘里发现了海寿和睡莲叶，它们到底是如何出现在那里的呢？在这片区域中甚至连一条小溪也没有。最可能的原因就是小鸟和两栖动物把种子带过来了，而并不是鱼的功劳。事实上，我们已经完全可以想象到它们是如何出现在别的地方的，因为几乎所有的田野和池塘都有它们的踪迹。之前我们并没有预想到新生物的数目如此多，好像池塘一样星罗棋布。

这种现象提醒我们思考，植物是如何在它们生长的地方出现的。例如在我们出生以前或者是这个小镇还没有人居住的时候，池塘里就已经长满了百合，一些年以前，它又是怎样再生长出来的呢？那些我们人工挖掘出来的池塘又是怎样长满了百合呢？在我看来，这两种池塘的繁殖方式相差无几，并没有什么新的创造。当然，各种池塘里百合逐渐生长，形成或多或少的特色我也并不怀疑，有时即使是同一粒种子也会因为各种条件不同而导致不同的结果出现。

我们的世界已经离不开植物，它们被四处种植着，不停地生长。我们看到湿地里生长着一些植物，于是就说这些植物是在湿地里生长的，实际上，它们的种子被散播到了所有的地方，只是在湿地里它们才成功地生长了。

如果地质学家能够找到一些百合化石，人们就可以更好地研究其传播方式，知道我们如今去教堂捧的百合是如何得来的。除非能让我看见创造百合的池塘，我才会相信最古老的百合起源于它们的产地，其方式和贝克·斯托的池塘差不多。

发展理论暗示大自然中存在一种非常伟大的生命力，它是更加包容和灵活的，与一种持续的新创造相等同。

在《物种起源》中达尔文曾经谈道："2月时，我从一个小池塘的三个不同地方采集了三勺泥土。变干以后，泥土的重量只有6.75盎司。它们被我覆盖起来并放在我的书房里6个月，其间，一旦有植物生长出来，我就将它们拔出来计算。植物的种类总共为537种，你也许会想我采集的泥土一定足够多，事实上，它们仅仅只是一个早餐杯的量。根据这一个事实，我认为，如果不是水鸟用喙和爪子把水生植物的种子带到更远的地方去，那将会是一种根本无法解释的情况。"

如果我对漂浮在池塘和河流里的种子的重要性进行强调，你一定不会感到不可思议。就像我们知道的，大一些的种子可以通过水流运输，从最宽的海面上跨越过去，甚至能够在海里形成一个小岛，并完全由这种植物所覆盖。圣·皮埃尔说：

有一个猜想很值得哲学家注意，那就是对随水漂流的种子足迹进行日夜追踪，在没有任何向导指引的情况下，看它们如何到达未知的地区。有些种子因为水流太过充足而溢出来，于是就在平原上消失了。我有时会在河床上看见它们。它们或是聚集在一起，或是围绕在鹅卵石旁边，已经在那里生根发芽，变成了一片最美丽的海绿色。这时，你的脑海中或许会出现被河神追赶的佛罗拉，然后把她的花篮丢在神瓮里的场景。还有一些更加幸运，它们从小溪中来，然后融入大河中，被送到遥远的河岸边，用一片新奇的绿色去装点那里。

有的种子经过千辛万苦越过了大洋，它们经过长途跋涉，经历暴风雨，最后到达一个新的地方去装点那里。塞舌尔群岛，也叫马伊群岛，它上面生长的椰果就是这样的，每年它们都通过大海漂流到400多里格[①]之外的马拉巴尔海岸。长期以来，住在那里的印度人都非常相信，这些从大海漂来的礼物一定是来自海涛之下的棕榈树上的果实，于是给它们取名海洋椰果，并且还赋予其极为重要的意义。在他们眼里，这些椰果具有和龙涎香一样高的地位，因此这些水果对于一般人来说都是非常奢侈的水果，甚至一个水果就被卖到上千克朗。但是在很多年前，法国人就发现位于南纬15度的马赫岛就出产这种椰果，于是他们把这些椰果运输到印度，这样一来，海洋椰果的名声大起，价格也随之大幅度上涨。

康多尔在谈到海洋椰果的时候说："几个世纪以来，大量的海洋椰果都要进行长距离的运输，从塞舌尔群岛被带到马尔代夫群岛和普拉兰岛。"但是它们在过去从来没有定植下

① 葡制长度单位，1里格约6000米远。

来。圣·皮埃尔也说：

大量的茴香种子通过海洋被送到马德拉岛上，因此其中的一个海湾取名为茴香湾。

关于海洋上种子的漂流路线，也许现代海员并没有注意到，但是野蛮人却早已经发现他们居住地上风的群岛……因为这种类似的指示，使得哥伦布由此相信，地球上确实有另外一块大陆存在。

海岸边的沙地是椰树非常适宜生长的环境，假如将它们种植在内陆地区，很容易就会枯萎。

1690年，哲学家弗朗西斯·里加和他的同伴们首先来到罗得里格斯的小岛上，成为那里最早的居民。这个小岛位于法国的东面，距离法国有100里格，在那里，他们并没有找到椰子树。然而，就在他们在岛上停留的那段时间里，有幸从大海上得到了几颗已经发芽的椰果。也许这一切都是天意，大自然在不断地引导着他们，以这种礼物的方式让他们在这个海岛上种植椰果。

有个作家对挪威海岸上的美洲水果进行列举，有些"是最近的水果，以至于正在发芽。这些水果通常有腰果、炮弹果、葫芦、肉桂，还有被英国上流社会女子称为茱萸的番石榴，被西印度人称为茧草的蔓生含羞草的豆荚，以及椰果"。

我总是不太按照观察事物的精确顺序来陈述事实，而是选择一些连续多年观察的最重要的事实，并且以一个自然的顺序来描述它们。

5年前的一个上午，我想要去康科德西面的林地进行测量，路上经过另一块林地，原来长在那里的五针松早在几年前就被砍掉了，现在生长的是灌木橡树。我的雇主是一个老人，一生都致力于买卖林地。看到这块地以后，他向我提出了一个非常普通的问题，就是为什么当初那样茂盛的五针松被砍掉之后，会有如此多的橡树生长起来，或者是当橡树被砍掉之后会生长出松树来。

这个问题也正好是我在思考的问题，为了了解事情的真相，给他一个满意的答复，我也对这片林子中没有被砍掉的部分进行了研究。于是，我想我知道了问题的答案，现在这个问题对我来说并没有什么神秘感。因为我不知道在我之前是否有人曾经对此做过非常明确的说明，而我却要重点谈谈这个问题。首先松树和橡树经常发生互相取代的情况，对此我可以举出很多例子来证明，仅仅上面这个例子就已经足够证明这个事实，而其他的例子就让我们留作其他的用途吧。

上面所提到的松林和我们这个小镇上的其他松林长势一样好，大家对那些森林都十分熟悉，它们宽敞、幽暗，是松鼠和蓝鸲最好的栖息地。在松林被砍掉三四年之后，这块地就完全成为橡树的天地。同时，这块地被拍卖了，买主是我的两个并不熟悉森林的邻居，在他们看来，橡树就是橡树，以前的松树也长在这块地上，之所以橡树也会生长，是因为这里的土壤适宜橡树生长。这场拍卖会，一个和我一起骑马的老农夫也参加了，如果当时拍卖的价格不是那么高的话，或许他也会考虑购买林地。但是按照现在这个价格购买林地，他认为即使现在的两个买主还非常年轻，他们恐怕在有生之年也很难会看到一片新的好林地。因为对他们来说，唯一的方法就是砍树烧荒，然后重新开始。尽管如此，我仍然怀疑这不是最好的方法。老农夫一边在灌木橡树林中清理出一条可以望出去的线路，一边向我发问：这里将会长出什么来呢？

很明显，在这之前，那里生长的只是松树，但是当它们被砍掉以后，仅仅在一两年时间你就看见橡树以及一些其他的硬木成长起来了，偶尔你还会在里面看到一棵松树，这种现象会让人觉得很奇怪，那些种子在地下埋藏多年是如何保持不腐烂的。然而这并不是真相，真相就是它们并没有在地下埋藏很久，而是每年由飞鸟和兽类有规律地传播种植着。

在附近，松树和橡树的分布比例比较相近，如果你对最后的松林进行观察就会发现，即使那种看起来树种非常单一的油松林，其中也会夹杂着一些小桦树、橡树和其他的硬木。它们能够出现在这里是因为风会从遥远的地方将树种吹来，松鼠以及其他的动物也会将种子带到这片林地中生根发芽，它们已经成长出来了，但是却被松树遮挡住了。一般来说，常绿树木越浓密，种子在那里被种植的可能性就会越大，因为那些小动物栖息的地方经常是最近的林子，它们会携带草料，也会将种子带到其他的树林中去。这样的种植每年都在发生，而那些最古老的树苗也每年都在死亡。可一旦松林被清理以后，橡树就得到了最佳的生长环境，从而迅速地成长起来。

相对于生长在松树林中的橡树，松树的浓荫更不利于同种松树的萌芽。如果松林中的泥土里有一颗完好的橡树种子，等到松树被砍掉以后，橡树就可以大量地成长起来。这时如果你将其中的硬木也都砍掉，你就会发现，其中混着的小松树也开始生长起来，因为松鼠经常会把坚果带到松林里去食用，而并非其他开阔的林地。同时，如果这是一个非常古老的林子，那么树苗会非常柔弱，甚至很难迅速地成长起来，这是因为土壤里提供给这种树木成长的养分在一定程度上几乎已经耗尽了。如果在一棵松树的周围生长着一棵白橡树，那么当松树被砍掉以后，白橡树就迎来了非常大的生长机遇，可能会迅速地成长起来。相应地，如果它周围生长的是灌木橡树，这时，灌木橡树丛就会成长得非常浓密。

我并没有太多的时间仔细地解释，但可以简单地说，当风把松树种子带到硬木林或者是开阔地的时候，松鼠或者是其他的动物也把橡树种子和坚果带到这片松林中，这样一来，就形成了一个轮作的态势。对于这种情况，我早在很多年前就已完全了解了，并且在一次偶然的机会中，通过对松林的调查更加坚信不疑。很长时间以来，松鼠会把坚果埋在地下的现象早已经被人们观察到，但是我不知道有谁能够将这一现象看成森林更迭的原因。

1857年9月24日，我沿着阿萨贝特河划船顺流而下，看见一只红松鼠嘴里叼着一个大东西在岸边的草丛里飞跑。之后，它在距离我几杆远的铁杉树下停下来，迅速地用前爪挖了一个洞，然后将嘴里的东西放进洞里，然后又用土埋起来，而自己则回到了树干上。我来到岸边对它掩埋的东西进行检查，而那只松鼠则跳下树来，丝毫看不出它对自己埋藏的东西有所担心，再次撤退的时候，它做了两三个动作想要将它埋好。我将那个被埋的洞挖开以后，发现里面是两个连在一起的绿色的山胡桃果，上面还包裹着厚厚的果皮。种子埋藏的位置正好是腐烂的铁杉叶形成的红土壤下1.5英寸，这个深度正好适合于它发芽生长。总体来说，这只松鼠所做的事情正好一举两得：一方面，它为自己储存了过冬的食物；另一方面，也为世界埋下了一颗山胡桃树种子。假如这只松鼠不幸被猎人射杀了，或者将埋藏的东西忘记了，那么这里就会生长出一棵山胡桃树来。这里距离最近的山胡桃树也有 20 杆远。过了 14 天，这些坚果还在那里，但是等我再去看的时候已经没有了，那天是 11 月 21 日，或者也可以说是 6 个星期以后。

从此以后，我认识到对密林的研究应该更加仔细一些。据说这些林地中只生长着松树，事实上，情况也总是这样的。例如，我在同一天走到一小片长势非常好的五针松林里，它大约有 15 平方杆大小，具体的位置是这个小镇的东面。这些树对于康科德来说已经很大了，直径几乎都在 10～20 英寸，它们很大一部分是松树，还有一些其他的树木，我知道它们的名字。我之所以会选择这片林地，主要是因为在我看来，它是最不可能包含松树之外其他树木的树林。这片树林生长在一片开阔平原或者是牧场上，只有一面与另外一小片松林相连，而那片小松林的东南角上有几株非常小的橡树。树林的其他三面，至少在 30 杆之外才会有树林出现。站在这片林地的边上向林子里看，它非常平整，草丛和灌木几乎看不到，大部分的土地都是裸露的，就像地毯一样，无论是小树还是老树，可以说里面几乎没有一株硬木。但是当我沿着地面仔细观察的时候，才发现在非常细小的蕨类植物和蓝莓丛之间，大约每 5 英尺就会长有一棵小橡树，足足有

3～12英寸高，并且遍地都是。尽管我的眼睛过了好长时间才适应这样的搜寻，但它们依旧被我发现了。在一个地方，我甚至还发现了一颗并没有成熟的橡子。

不得不承认，我的观点在这里得到完美的证实，就这一点来说我感到非常吃惊。在众多的种植者中，红松鼠扮演着非常重要的角色。当我对它们的种植园进行观察的时候，它们始终看着我，眼神中充满了好奇。林子中的一些小橡树已经被前来乘凉的奶牛吃掉了。

假设这片树林的面积只有15平方杆，里面生长着不到500株松树，那么橡树就大约有2500株，它的数量几乎是松树的5倍多。这只是上千个例子中的一例，关于这个案例，也许伐木工或者林主会告诉你，在这片林地里并没有生长橡树。但是如果从数目上来说，真实的情况还不如说这是一片橡树林，因为里面并没有生长松树。事实表明，表象并不一定是真实的。同时我在这里也可以这样说，在这些年纪大约为40岁的松树之间，那些散落的松针已经形成了松针谷，其厚度大约有半英寸，它们之间没有更加古老的松树桩，但是老橡树桩却是随处可见。因此可以说，松树的成长占据了一块本身为橡树林的领地，而它自己本身，也时刻准备着被另外一片森林所取代。

我对这个小镇西边的油松林再一次进行检查。这一片松林是在1826年烧荒以后成长起来的。在那片林地中，超过灌木大小的其他植物几乎没有，一位很粗心的观察者在油松下面看到少数的五针松，除此之外，再没有其他的植物。树下的土地看起来十分光滑，就和当初的牧场一样。这是我知道的最茂密的油松林之一，尽管它的宽度只有12～15杆，而其他的树林和这里的距离都有5倍之远。然而，当我再仔细观察时，在其中看见了长势很好的橡树苗。于是，我拣选了一个橡树苗比较多的地方，认真数了一下，15平方英尺之内就有10棵橡树苗，但是在相同的范围内，我能找到的油松只有5棵。由此来看，在那个地方，橡树苗的数量要比松树多出一倍。甚至在有些地方，我在5～6株松树下就会发现超过100棵松树苗。

我最初的时候会想，在结籽最丰富的橡树下面发现大量的橡树苗，这应该是橡树林。但是当我去真正地找它们时，却发现它们比松林中的橡树苗柔弱许多，也少许多。

对于这个结果，我并不感到满意，于是我又对橡树林进行了检查，但是也没有得到什么非常肯定的答案。带着这个问题，我在一天下午再次进行了研究，我带上铁锹，去橡树林中挖了10株橡树苗，又到松林中挖了10株橡树苗，对它们进行比较，想来这一定是一个聪明人的所为。

我在林中不断地寻找树苗，那些高度大约1英尺，而且方便挖掘的树苗都没有逃脱我的手心，被我挖了起来。

我首先对一小片茂密的橡树和山胡桃林进行检查，这些树木还都因为太年轻而没有结籽，与一片老一些的树林紧挨着。在那一片老树林中，我也进行了仔细的搜寻，并没有发现任何一株小橡树。

紧接着我又去了一大片松树林和橡树林，去橡树最多的地方寻找。它们的树龄一般是25～30年，但是通常会在两三杆的范围内出现一株非常细小的松树，另外还有很多3～4英尺高的小橡树。经过45分钟的寻找，我已经失望了，我担心已经没有时间再去松树林里观察了。而需要的树苗我只找到了3株。

然而，我又产生了一个想法，如果我真的找到10株树木，那么对我的研究来说可能并没有太大的作用。于是我又向小油松林和五针松林走去，它们是在牧场上成长起来的林子，与上面提到的树林紧紧地挨着，里面生长着几千株我正在寻找的小橡树苗，因为当时正好是10月份，它们把有些地方的土地都染红了。于是我挖了10株。很明显，它们是由从我刚刚经过的那一片林子里传来的种子发芽并生长起来的。

我已经对许多茂密的松林，包括五针松林和油松林，以及一些橡树林进行了仔细的检查，目的就是看看有多少橡树苗，并且知道它们的品种。这下，我充满了自信，可以说，1英尺以下的树苗更多的是生长在松树下，生长在橡树下的是比较少的。并且从数量上来说，生长在松树下的数量比较多，而生长在橡树下的却少得可怜。你还会发现这样一个情况，那就是生长在橡树下的橡树苗经常会有非常老并且已经腐烂的根部，所发出的芽也并没有太大的活力，导致这种情况的原因却并不明确。

橡果是橡树所结的果，松树并不能结出橡果，但是真实的情况却是在橡树下生长的橡树苗数量非常少，高度也只有 1 英尺左右，而生长在松树下的橡树苗则有几千株之多。如果你想要找到 100 株很适合移植的橡树苗，那么在一片茂密的橡树林中是很难找到的，但是如果你去一片松树林里寻找，可能轻而易举地就实现了。

实际上，松林适合橡树苗成长的事实很少有人知道。只要我们让松林继续保持生长，就可以从中很轻松地获得我们想要的橡树苗，从而将那些每年不断腐烂的树取代下去，无论怎么，这些橡树最终会沐浴着阳光成长，这是它们自己的命运。

松树和橡树常常能够共生在一个地区就是这个原因，如果我没有说错的话，我们的松树（包括五针松和油松）与橡树的分布比较相似。与松树相比较，橡树的分布要更加向南一些，在那里它们或许可以免去霜冻的危害，而相对来说，松树分布的地区要再向北一些，即使在那里它们无法替橡树挡住严寒。也许我们会发现，橡树是树林中生长最茂盛的，将来会成为最好的林地。在气候十分寒冷的地区，橡树想要很好地生存，首先就要有松林的庇护，同时它对气温也有一定的要求，不能冷到冻死树苗的地步。在《美国森林》中，纳托尔写道："橡树生长的区域只在北半球，在旧时代的世界，总共有 63 个品种；而在北美，包括新西班牙，大约有 74 个品种，其中美国和新西班牙各自有 37 个品种。"

我曾经也注意到这样一个现象，在桦树林中，生长着大量的小橡树，它们为松鼠、松鸡以及一些其他的动物提供了非常好的掩护，方便它们运送橡子。总而言之，只要附近有松林或者是桦树林，松鼠和鸟儿们就会争相把橡子种在这里。

需要注意的是，在很多情况下，尤其是在牧场中部或开阔的草地上，很难见到橡树苗的身影。这是因为大多数的橡果落在那里以后，很难发芽生长起来。而那些在这种地方生长起来的树苗的种子很可能就是鸟兽从一个隐蔽的地方向另一个隐蔽地方转移的过程中落下的，又或者是掩埋起来的。因为每一棵橡树都是由一粒种子发芽生长而来的，所以，我在当地对一些两三年的小橡树进行研究的时候，经常能看见一些空的橡果壳，这就是种子发芽所留下来的。

在很多人看来，橡树的种子在发芽生长之前都是埋在土里

QUERCUS PEDUNCULATA

—— 橡树 ——

有一个植物学家这样写道:“有些橡果虽然已经在地下被埋藏了几个世纪，但是一旦被挖掘出来，很快就会生根发芽。”这些橡树的种子经过很长时间都不会腐烂，真的是一个无法解释的神奇现象。

QUERCUS PEDUNCULATA

的。大家都知道，想要将它们运送到欧洲并且保持其活力是非常难的。在《植物园》中，劳敦给人们推荐了一个非常安全有效的办法，那就是在海上航行的时候，把它们养在花盆里面。他在同一本书中还说过："很少有像橡子一样的种子，无论是什么品种，在保存一年之后还能发芽生长。"很多果实的活力都是有限的，如黑核桃"成熟以后，再过 6 个月的时间就很难发芽了"；山毛榉的果实"仅仅能够保存一年的活力"。而我常常在 11 月发现，每一个落在地上的橡果几乎都发芽了。古伯特曾经谈到白橡树："如果在 11 月有温雨降落，这种情况在美洲非常多见，那些还没有被风吹落依旧生长在树上的橡果实际上在掉落之前就已经发芽了。"1860 年 10 月 8 日，我发现很多白橡树果已经发芽，但是一半的橡果还没有落下，这下我很轻易地相信它们在落下之前就已经发芽了。然而，有一个植物学家这样写道："有些橡果虽然已经在地下被埋藏了几个世纪，但是一旦被挖掘出来，很快就会生根发芽。"这些橡树的种子经过很长时间都不会腐烂，真的是一个无法解释的神奇现象。我从树上摘下许多橡果，然后把它们敲开，让我感到奇怪的是，虽然橡果的表面看上去很好，但是它们的里面却已经腐烂或者是褪色。橡果之所以会毁坏，正是因为干旱、湿气、虫咬、霜冻等灾害。

乔治·爱默生先生在他的《美洲乔灌木报告》中曾经谈到过

松树，他说："种子拥有令人惊叹的生命力。它们可以在土里埋藏多年保持不变质，它们受到寒冷和森林中密闭的树荫绝好的保护，一旦森林中的树木被砍伐，种子接受温暖阳光的照射，很快就会发芽生长。"尽管爱默生先生说出了这样的结论，但是他并没有告诉我们这样的结论是从何而来的，于是我对它的真实性有所怀疑。另外，很多园丁的经历更加使我对他的观点产生疑问。根据劳敦的说法，几乎很少有松柏科树木的种子能够通过人工手段保持三四年以上的生命活力，他还说通常情况下，海松的种子只要超过三年便不会再发芽了。

关于小麦是从埋在一个古埃及墓穴中的种子长出来的[①]，或者从一个死于1600～1700年前的英国人胃里发现的蓝莓籽也会发芽，这些说法都并不可信，因为这些观点本身就没有令人信服的证据。

但是，有几位科学家已经采用了这个陈述，包括卡彭特博士也在这些科学家之列，他们相信海滨李在缅因州距海40英里处的沙土里发芽成长，说明种子已经埋藏在那里很长时间，同时还有人推断，是海岸在后退。但是在我看来，对于他们的观点，他

① 林德利博士称他曾利用从地下30英尺深挖出来的一个人的肚子里发现的种子培育了三株蓝莓。随葬的还有哈德拉皇帝的三枚硬币，所以种子可能有1600～1700年之久。(引自阿方索·伍德《大学植物学课本》)

们首先应该证明海滨李只是长在海滩上。卡彭特博士说:“我以前从来没有在除海岸之外的地方见过海滨李。”但是它们在康科德却非常普遍,这里距离海岸有20英里。我记得在我们北边有一片林地,距离我们大约有几英里,离海岸也就是25英里。每年李子成熟的时候,就会从那里被运输到市场上。我不知道海滨李还能深入内陆多远。查理·杰克逊博士所谈到的在距缅因州100英里的内陆找到的海滨李,或许就是这个品种。而海滨李并不仅仅只在海岸生长,只要是沙地,无论离海边多远都不会影响其生长,我们这里有一块沙地就长着海滨李。对于上面臭名昭著的说法,或许还有一些其他的类似的例子可以反驳。

然而,我准备相信只要具有合适的保存条件,种子可以保存几个世纪的活力,尤其是一些小种子的说法。1859年春天,镇上的亨特老宅被拆除了,而它的烟囱是在1703年修建的。这座房子建立在马萨诸塞州第一任总督约翰·温思罗普的土地上,从房子的外观上来看,有一部分很明显要比上面谈到的年份更老,它属于温思罗普家族。多年以来,我总是在这附近收集各种各样的植物,自认为对这里出产的植物都十分熟悉。据说有时会在不同深度的土里挖到一些种子,这样就可以生长出一些早已经消亡的植物。然而我经历了这样的事情,我想去年秋天一些新的或者是珍稀的植物可能已经在这所房子的地窖里发芽,那里已经很长时间没有接受过阳光的照射。9 月 22 日我就去那里找了找，结果在一些杂草丛中发现了从未见过的荨麻，只在野外一个地方见过的总状花藜，不能自然生长的莳萝，附近很少见的黑龙葵，18 世纪很流行但是在这个小镇上已经绝迹 50 年的普通烟草。在这之前的几个月中，我从来没有听说过有人在镇的北面种植几株烟草作为自用。我丝毫不怀疑一部分植物或者是所有植物是由埋在这所房子里的或附近的种子生长出来的，而从烟草这种植物我就可以进一步证实，这种植物以前就已经在这里栽种过了。今年的地窖里堆满了东西，如今在这个地区，那四种植物包括烟草在内已经全部绝迹了。

通过很多检查我已经证实，动物要消耗很大一部分树种，这是一个事实，这样可以有效地防止它们长成大树。但是在我说的所有情况中，有时消费者也会处于被动的地位，作为种子的传播者和种植者。我想是林奈说的，当猪想要寻找橡果的时候，就会用鼻子不断地翻土，这时它也正好播种了它们。

一种树取代另一种树的方式有很多。其中比较常见的是，橡树和松树的混合林取代了单纯的松林，然后当树林中燃起大火的时候，大火将年轻的松树全部烧死，这时橡树就会从树桩里慢慢地生长出来，似乎丝毫没有受到大火的影响。或许在看到这清一色的橡树林时，健忘的林主会大吃一惊，以为这里一直就是一片橡树林。

即使像坚果、橡果这类最重的种子，也会被急流运送到非常遥远的地方。春天来了，山上的冰雪开始融化，雪水和雨水会将山上的种子冲到山谷大量的堆积物中，有时你就可以在其中发现栗子，它们很可能刚刚被运送了很短的距离。

秋季时，当你在树林中行走，偶尔就会听到一声树枝折断的声音。于是你抬起头向树上看去，这时，你就会看见一只叼着橡果的松鸦飞过，或者是一群松鸡站在橡树顶上，从这根树枝飞到另一根合适高度的树枝上，用一只脚很好地把橡果固定住，然后用嘴不停地敲击着橡果，发出好像啄木鸟啄木一样的轻叩声。它们还时不时地向周围察看，看是否有敌人接近它们。经过努力，它们很快触及果肉，开始享受劳动的成果。它们一点点地吃着，抬起头愉快地吞咽着，在这个过程中，双脚始终牢牢地抓着剩下的果实。不过橡果是一个很难固定的东西，经常在松鸦吃到它之前就已经掉在了地上。

就在同一天下午，我在松林中挖了几棵橡树苗，然后走到不远处的一片五针松林时，我发现了大量的橡树苗，几乎遍布各个地方，这片树林大约是在20年前的一块牧场上生长起来的。当我从林地中走出来的时候，我看到一只松鸦，它冲我叫着，然后飞到一颗高大的白橡树上。这棵白橡树在牧场上矗立着，与林地边缘有8～10杆的距离。它在树梢上面停留了片刻，然后又飞下来，将地上的一粒橡果捡起来，飞回我附近的松林中去。这是一种方式，或许还是最主要的方式，我看见无数的小橡树苗都躲藏在浓密的五针松林中，生长在松树的下面。

我仔细地向四周察看，发现生长在那块地里五针松下的小橡树几乎都是白橡树，我为通过观察知道什么品种的橡树生长在附近的开阔地和松林的边缘而感到高兴，因此我明确地知道那些大量生长在松林里的橡树品种是什么。如果橡树与这里相距遥远，那么松鸦速度该是多么快呢，并且一天能够飞多少个来回啊！

刚刚过了两天，我坐在另一片松林边上，距离这里有3英里的距离，我看到一只松鸦飞到距离牧场6杆之外的一棵白橡树上。它还从地上捡起来一粒橡子，然后将它带到松林中，放在脚下牢牢地固定住，用嘴啄食橡子。它的动作虽然十分迅速，但是在上下移动或者是摇摆的动作中却显现出一丝笨拙，为了尽快将橡子敲开，它不得不把头抬得很高，从而获得较大的力量。

总之，这些景象都是在10月份经常能见到的。在结籽的橡树与松树之间，松鸦总是保持非常活跃的联系。如果我们对附近剩下的那些少数的老橡树林进行参观，那树林对我们唯一的欢迎声就是被橡果吸引过去的松鸦叫声。如果我们对牧场上的已经结果的并且单独生长的白橡树进行参观，那么松鸦就会围在每一棵树周围对我们大声地叫，并且叫声中充满了责备，因为这些橡树上接着很多的橡果，而我们的到来，妨碍了它们采食橡果。

从另一方面来说，在一年四季中，哪里能迅速地找到一种松鸦呢？答案肯定是一片浓密的松林，松鸦普遍选择在这里筑巢为家。我可以证实威廉·巴川姆写给鸟类学家威尔逊的信：

松鸦在大自然体系中充当着最有用的中介者之一，它们的觅食活动不仅维持了自身的生存与发展，同时也为森林传播了树种、其他坚果以及一些硬籽蔬菜。秋季来临，它们最主要的任务就是寻找食物，为整个冬天储存足够的粮食。在寻找食物的过程中，松鸦们经常会付出很大的努力，它们飞越田野、树篱，一路撒落下大量的种子。路过篱笆的时候，它们飞落下来，将食物储存在挖好的坑里。在湿润的冬季和春季以后，在田野和牧场上就生长起来大量的小树苗。仅仅利用几年的时间，那些鸟就能够将这里的空地重新种植一番。

我在不同的地区研究橡树苗的根和芽学到了很多的东西。去年 10 月 17 日，我在一片生长松树和橡树的混合林中拔起了一株红橡树苗，它的高度只有 5 英寸。在树苗边上的土里，躺着一粒大的橡果，它被一层潮湿的树叶遮挡着，那里不仅隐蔽，还非常阴凉。这棵橡树苗在地上的部分已经有了一定的高度和宽度，相比之下，比根部还要大一些。它的根卷进橡果里。这里的大橡果还是很完好，在我看来，这粒橡果不仅为植物提供了第一年的营养，同时在第二年还能继续为它提供生长所需要的营养。

1860年10月16日，在康科德的五针松和油松林里，我挖到了4株橡树苗。这块地里的橡树苗高度并不是非常整齐，其中最大的一株大约有1英尺高。

我挖到的第一株树苗是一棵红橡树，也许是猩红栎，很明显它已经有4岁的树龄。橡果的位置是在树叶下大约1英寸的地方，这棵红橡树高出地面树叶5英寸，而橡树的根部向地下延伸大约有1英尺的深度。

我挖到的第二株树是一棵黑橡树，它高出地面的树叶6英寸，沿茎测量约有8英寸，这株树苗看起来也有4岁的树龄了。它拥有非常多的枝干，但是在去年却被兔子将尖部全部切断了。根部向地下延伸1英寸的距离，横向上延伸了5～6英寸。当我用力将它拔起来的时候，在粗细大约0.125英寸的地方，它的根部断掉了。在地面上，橡树苗的直径大约有0.25英寸，我顺着根部继续往下测量，在5英寸的地方，树根的直径就达到0.75英寸，然而在地面上的5英寸处，树苗的直径只有0.2英寸。

第三株树苗是白橡树，它的高度是10英寸，这株树苗的年龄相对要长一些,大约有 7 岁。它也曾经被兔子吃过,从而又长出了新芽。两年来它的长势都被隐藏在了叶子之下,它的根部无论是在方向上还是形状上都与上一株比较相似,只不过它的直径要小一些而已。

第四株树苗是灌木橡树,和其他的几株都非常类似,但是相对来说枝干更细一些,每一个芽上有两个或者是更多的树杈。

所有的这些树苗,尤其是前三株,具有一个共同的特点,它们都有一个梭形主根,并且出乎意料的粗大,你也许会这样想,这和顶部相比完全是不成比例的。在地表下四五英寸的地方,是根部最粗的地方,然后由此呈锥形延伸,向下直到最细最深远的地方,而在主根上生长着很多纤维状的须根,它们或多或少地呈水平方向伸展开来。它们的生长规律就好像是两年生的植物,它们第一年用尽全部的能量来发育一个能够在第二年生存下去的芽,而这些小橡树在最初的几年也在形成这些粗大而多汁、具有旺盛生命力的根,这样一来,它们脱离了橡果以后,就可以在萌芽林中不断地汲取营养,追寻自己的命运。

无论是谁,在第一次挖起这些粗壮的橡树根时都会感到惊叹,并且留下非常深刻的印象——这是一种为了森林发展更迭而准备的特殊礼物。这种根是小橡树生长所特有的,很明显就是为了防备地面上所发生的一切不测而准备了充足的资源。面对这种状况，无论是谁都会感到非常惊讶。这些枝条短小而脆弱，甚至还不比乌鸦的嘴大，却能如此坚固地在土地里扎根。它们的根并不会像胡萝卜那样笔直地向下延伸，而是在橡果下2～6英寸的地方向水平方向倾斜，通常情况下，它们都不是笔直的，而是带着螺旋或者是弯曲，看起来有点像一把木钻，其手柄倾斜度不超过钻杆轴6英寸。等长到最粗的一节以后，它们就开始笔直地向下生长了。我带回家的橡树苗有22株，属于不同的品种，我一有时间就会观察它们。从侧面来看，或者是从上向下来观察，没有一株的根是垂直向下生长的，它们在根部从橡果下向一边延伸，几乎可以水平延伸大约5英寸，如果平均来计算，大约也有3英寸。另外还有一株树苗，当你向下看的时候，会看到两个弯曲，如果从侧面来看，就会看到有三个弯曲，它的根扎得很深，以至于旁边生长的须必须总是要断裂，才能把根向上拔起。在我看来，橡果下胚根向后弯曲的形式能够决定橡树根向水平方向拐的第一个弯。等到橡树长了五六年之后，它们就能够轻易地同橡果进行分离了。

在松树林和橡树林发现的橡树苗具有非常明显的差别。生长在橡树林里的橡树苗数量很少，树龄长一些，但通常情况下，根部都有不同程度的腐烂、病害，长出来的芽也是又细又弱，很多叶子还未成长，根茎就已经枯萎了。在沃伦家山上的林地里面，绝大多数橡树都已经生长了 20～25 年。10 月 7 日那天，我在林中找到很多高度不足 1 英尺的小橡树，但是当我进行检查的时候才发现，它们的数量远不如松林中的树苗多。最常见的枝条在树叶下水平延伸好几英尺，等遇到老树桩之后，枝条就会冒出来，也许这种枝条相对更老一些、更烂一些，也更大一些。我说的树苗通常是指由种子发芽生长起来的年轻橡树，树苗在地上的部分和地下的部分永远都不能等同。

在爱默生家林地东南边生长的树木主要是橡树，我对两株非常细小的橡树嫩芽进行研究，它们比多叶的地面要高出来 8 英寸，顺着它向下探索，本以为遇到了一棵大树的老根，后来发现是一个树桩。等到挖起来以后，我发现它其实是一株树苗，并且带有比较常见的梭形根，上面也有很多弯曲，长度有 15～18 英寸，粗细至少有 0.875 英寸。最长的嫩芽高度为 10 英寸，粗细只有 0.125 英寸。这棵树早在 6 年以前就死了，然后就像你在老林中见到的那样，两株纤细的嫩芽已经开始生长了。当树苗有一部分死亡的时候，树根可能已经有 10 岁了，所以它大约已经有了 16 岁的树龄。但是就好像我说的，这株橡树的高度已经达到 10 英寸了，所以它就这样不断地忍受着，渐渐变得憔悴，直到其死亡。

至于我上面讲到的那个下午我挖回来的树苗，每当空闲时间，我就会对从橡树林和松林中各找到的10株树苗进行比较。就好像我所说的一样，从橡树林中带回来的3株橡树苗。其中最小的一株就好像是从松林里带回来的一样，而剩余的2株的根不仅又大又老，同时还不规则地扭曲着，因为上面的嫩芽已经死了很多次，上面又布满了椭圆形的疙瘩，这就会让你认为这是一个已经死亡并且被掩埋起来的树桩。最大的树苗是一棵红橡树，它的高度大约有9英寸，细根有0.125英寸粗，很明显它已经有3岁的树龄了。根断的地方粗细大约有0.125英寸，位于地表下大约18英寸的地方，地下3英寸处根的粗细是1.375英寸。在侧根中，一条侧根大约有1英寸，另一条侧根是扁的，两三条侧根已经长成了硬根，它们又向水平方向延伸，直到20英寸才断，看起来和主根的长度比较接近。其中的一条在地下3英寸的地方长到半英寸粗，其生长的方向也是水平的。这样一来，这株植物就完全给自己的生长提供了支撑，牢牢地扎根在地下了。

至于那些已经死去的芽床，也就是先前死去的嫩芽留下来的根基或桩，它们要比现有的芽床大两三倍。如果一次只有一个芽，它们就只能生存3年，然后便会腐烂掉，也许它们有的能够活6年，这样一来它的根就已经30岁了。但是假设每次只有一个半嫩芽，那根就是20岁。总之，在我看来这个根和周围的大橡树年龄比较接近，大概已经有 25 岁的样子。

根据我多年观察的经验，橡树林中那些从地里长出来的矮小而细弱的枝条并不是人们所说的那样，是大橡树的根发出来的，而是从已经在地里腐烂的树苗的老根上长出来的。

这里有 19 棵来自五针松和油松林的树苗，它的种类有很多，其中包括灌木橡树、白橡树、黑橡树，或许还有红橡树，它们平均大约有 7 英寸高、10 英寸长、0.375 英寸粗。许多是灌木橡树，这也是它们生长细小的一个主要原因，即使是它们中最大的一棵，仍然比不上我常挖出来的粗壮。4 岁是当前嫩芽的平均年龄，尽管只有短短的 4 年，但它们中的绝大部分都已经死过一次了，因此它们实际上要比看起来的样子老得多。所有的树苗都有这样一种情况：在地表上，或者是根的头部有一圈沉睡的芽蕾，如果原来的树芽遭受到某种伤害而不能继续生长时，它们就会开始发芽生长，就好像时刻准备着一样。

在树林中，树芽被人工砍掉，或者是被兔子啃过，这都是非常常见的现象。

还有另外一个证据证明只有少数橡树生长在橡树林中，那就是所有的老橡树林和年轻一些的橡树林相比，它们的林下植被很少或者是几乎没有。即使是在密林中，你也能够很轻松地四处游走。

那么接下来的一个问题就是，与松树林相比较，为什么橡树林里的橡树苗数量稀少，而且还非常容易生病呢？在我想来大约有三方面的原因吧。

首先，从土壤方面来说，橡树林的土壤对橡树苗的成长并没有很好的帮助，可以肯定地说，通常情况下，老橡树下的土地比老松树下的土地要更加贫瘠，营养成分的缺失不利于橡树苗的成长。卡彭特在谈到树叶的有害分泌物的时候说："在山毛榉和橡树叶形成的土壤上，很少有植物可以健康地生长……在树根周围完全是丹宁酸，只要它们生长过的地方，就很少再有植物生长了。"很明显，松树就完全不会这样对土壤有害。

其次，在春季，橡树下的橡树苗已经开始长叶，这时就应该保护橡树不受霜冻的侵害，然而这个时候橡果也正在发芽。或许小橡树、橡果和麻雀都喜欢温暖的环境，而浓密的松林里，土地并没有冻结得如此结实。

最后，松鸦和麻雀在觅食之后常常喜欢到一些常绿植物上去，也许橡树并没有结很多橡果，但是这些小鸟仍然会把所有的橡果都带走，从而很少有种子撒落下来。

尽管我已经想到了这些原因，但是对此我还没有完全理解。

就好像我说的，经过几年时间，很明显这块土地已经不适合硬木再生长，于是剩下的就只有松树了。我在前面所提到的第一片松林就是我所看到的这个样子。最近有一株高度为 25 英尺的红枫倒了，好像是大风的作为，它可是这片林地中唯一的枫树，上面长着绿色的叶子呢。我发现在高度达 25 英尺的五针松和油松林里，所有的糖枫都在渐渐地死去。

我想要知道一个问题的答案，那就是橡树苗在茂密的松林中能够存活多久。于是我就去对画眉巷的油松进行研究，发现最老的橡树苗甚至有 8～10 岁的年龄，它们生长在茂密松林中的一小块空地上，也就 1 杆见方。在松林中，一些细小的松树周围，橡树苗生长得就更粗壮一些、更高一些，最后长成了高高的橡树。在科特南家那片松林中，我所发现的年龄最大的橡树是一棵生长了 13 年的黑橡树，这是我在这里或者其他茂密的松树下所没有见过的，然而松树已经有 30 岁了，尽管我相信早在 20 年前，橡树就已经生长在那里了。所以，它们一定已经死掉了。我有一个想法，如果现在挖掘土地去寻找它们，就可以在地里找到已经死去但是还在腐烂的粗根。

马里厄姆家的五针松林稍大一些，地表也比较开阔，我注意到其中生长的小橡树苗高五六英寸。这片松林中的树有 6～10 岁，而橡树就在它们中间存活下来了。如果这个时候你将松树全部砍掉，那么橡树就有了更好的生长机会。于是它们以惊人的速度生长起来，从而很快取代松树的位置。就好像我在 10 月

30日所见到的情况一样，那天我为了证明砍掉松树以后对橡树的影响，就去了约翰·霍斯麦家的一片松林进行研究。去年冬天那里的一部分松树就已经被砍掉了，在所留下的空地上，小橡树以前所未有的活力蓬勃地生长着。

排除橡果发芽的特点，它们从老根上长高3英尺，其主要的原因并不是松树被砍掉了，而是阳光和空气的共同作用。我对头4株高度在1英尺以下的橡树苗今年的生长状况进行测量，发现它们平均的增长高度是5.5英寸，而头4株橡树苗因为紧挨着松树的生长环境而平均增长1.5英寸。由此可见，对于在被清空的林地中生长的橡树苗来说，长势并不是很好，也许我应该把高一些的嫩芽也算上，如果松树没有被砍掉，橡树几乎没有存活的机会；然而也有一种可能，那就是橡树在松树的遮蔽下可以好好地生长几年，甚至比其他地方还要好。

在研究橡树方面，英国人做了非常广泛而深入的实验。他们采取了几乎同样的方法去培育橡树，而大自然以及她的松树们在更早就使用了这样的方法。毫无疑问，大自然早在一两千年以前就在自己的王国采用这种方式培植橡树，而英国人只是重新发现了松树对于橡树生长的保护作用。在实验方面，英国人具有很大的耐心，多年来，他们一直忠实地进行各种大型的实验，在不知不觉中就一步步回归大自然所采取的措施中。

CASTANEA SATIVA

栗树

我去观察栗子，想要知道它是如何传播的。尽管这里的栗树已经形成了森林，并且面积在不断地扩大，但是仍然没有松树和橡树普遍，只是分布在非常有限的地区。

CASTANEA SATIVA

在劳敦的《植物园》里，我发现了一些关于实验的完整记录，充满了趣味性。他们好像早就知道可以用一些树木作为小橡树的保护伞，从而保护橡树年轻的嫩芽和树叶，以免其遭受霜冻的危害。第一位谈论这个主题的作者斯皮奇利说，“发现桦树最适合充当保护者的角色”，就好像我们在大自然中所看到的一样，这也是自然中一种非常有效的方法之一。另外，他还发现“在贫瘠的山上种荆豆也能对橡树起到很好的保护作用，这种情况表面上看起来好像是荆豆抢夺了橡树的空气和养分，但是事实却是在几年之后，我们经常会在最好的荆豆中发现长势最好的橡树”。其他人还用欧洲赤松、冷杉、落叶杉进行尝试，但是最后却发现，欧洲赤松是保护橡树最适合的品种。在此，我要引用劳敦的话，他说，“这是种植和保护橡树良好成长最好的方式”，这个想法是由亚历山大·米尔恩提出来的，最后被英国“政府官员在国家森林里实施”。

最开始的时候，橡树总是被单独种植，有时还会和一些欧洲赤松混在一起种植。但是，针对这种情况，米尔恩先生说：

> 实际上，生长在松林中或者是被松树环绕生长的橡树长势是最好的，尽管土壤要稍微差一点。在过去的几年里，人们所实施的计划就是首先只种植欧洲赤松，当赤松长到五六英尺的时

候，再将四五岁的、长势较好的橡树植入其中。在植入橡树之初，不要砍掉任何松树，除非它们已经成长得足够强大，能够完全将橡树遮住。大约两年之后，松树的枝条太过丰茂就会将橡树的阳光和空气遮去很大一部分，这时就需要给松树剪去枝条。然后再过两三年，松树就应该被整体逐渐砍伐，每年先砍掉一些，等到20～25年以后，整个欧洲赤松林就不复存在了，留下的只有一些松树。在头10～12年里，这里的植被看上去就只有松树。

这种培育方法的优势就在于松树会在一个缓慢的过程中死去，从而改善土壤，将那些伤害橡树生长、影响橡树呼吸的杂草和荆棘全部都破坏掉，并且不需要进行修枝，采用这种方法种植的橡树，死亡率非常低。

英国种植者通过多年耐心的实验，获得了很多新的发现，据我所知，他们还专门为此申请了专利，但是他们好像并没有发现这种情况早已经成为一种事实，他们只是采用了最自然的方式，而大自然早已为人类申请了专利。在我们并没有察觉的情况下，大自然把橡树种植在松树之间，然后等到橡树长到一定程度，就派送伐木工人去拯救橡树林，将所有的松树都砍掉，从而给人们展现出一个清一色的橡树林。

直到现在为止，英国人并没有意识到，在这个问题上，他们并不是发明人，但是他们与自然所采取的方法是相同的。在同一篇文章里，上面的观点再一次被阐述，“斯皮奇利先生通过观察了解到，如果橡树苗生长在庞大的杂草和高高的青草中间，它的生长不仅不会受到影响，而且长势还会更好”。这位作者还谈到，“这种情况似乎与植物生长的特性有点冲突，当然这也并不是经常使用的方式，因为高大的青草和庞大的杂草一定会遮挡住空气和阳光，从而导致橡树的叶子接受不到充足的养分，如果从这一方面来看，这和其他情况相差无几”。对于他的言论，我们不禁感到非常吃惊，“可以定下一条这样的原则，在培育橡树的每一个环节都将有非常合理的艺术和设计进行把控，尽最大的可能不把任何步骤都完全交给大自然”。他不知道自己的这番言论与大自然最初发明人以及种植者培育橡树的方法是一样的，以至于他最多也就成为这项失落的艺术的重新发现者。

我还惊奇地发现，英国人所谈到的为松树和桦树修剪树枝的时间，以及把它们彻底砍掉的时间，都和我发现的大自然的规律有着惊人的吻合，如果我们允许松树一直生长下去，那么橡树势必不能存活。

如果有人说仅仅依靠动物在松林间扔下或者是种植的橡果发芽成长，很难会出现如今橡树大规模生长的状况——在松树被砍掉清空整片林地以后，橡树的成长数量多到足够占领这一片土地。我想说的是，英国当局建议的是1英亩土地种植的橡果数目为60～500粒，其平均值约为240粒，或者也可以说1杆1.5粒。这样一来，或许最后1杆范围内能够剩下的橡树不会超过1棵，并且很多最终都不会长成大树。

为了进行更好的研究，我去了镇上最密的老橡树林中，我对橡树的数量进行了统计，发现1英亩林地中最多只有180株橡树，换句话说就是，1平方杆不超过1株，在林地中保持这样的密度就会使树生长得并不是很茂盛。那么就该让读者想一想，根据我们的观察，小橡树的寿命是10年，因此动物们想要种植出这样的一片林地可以有10年的时间，这样说来，每100平方杆的土地，每年只需要播种10粒橡子，如果这10粒橡子都能够存活的话，这样经过10年的时间，每平方杆就能生长1株橡树。如果按照这样的比例进行种植，那么种植者就会非常轻松，不必付出太多的劳动。就拿一只斑纹松鼠来说，它每一次旅行，都会在腮帮填上足够多的橡果，这个数量已经足够一年的种植量了。

总之，在数量方面，我们曾经看到的动物种植的数量远远大于这个数量。10月17日下午，我去观察栗子，想要知道它是如何传播的。尽管这里的栗树已经形成了森林，并且面积在不断地扩大，但是仍然没有松树和橡树普遍，只是分布在非常有限的地区。无论是哪里的干燥林地，只要树木被砍伐以后，这块土地就会迅速地被松树和橡树所占据。如果栗树能够在这片土地上生长起来，那这里一定是一片非常特殊的土地。

附近的栗树早在过去15年里就开始快速地消失，它们有各种用途，例如做铁路的枕木，做各种栏杆、板材等，从而使得现在的栗树数量非常少，价格也十分昂贵。这种情况存在着很大的隐患，如果我们对栗树依旧不加以关注，那么这种树木很可能就会在本地彻底消失。

到目前为止，距离这里最近的栗树林也在康科德村庄东南面1.5英里以外。这是一段并不近的距离，我想要去那里，首先要从镇子南边的开阔地和草地经过，再经过大约1英里的路程进入一片橡树和松树林中，向东行进半英里，然后在靠近林肯市界的地方才会看到一些栗树。

进入树林以后，我立刻展开了观察。我仔细地察看橡树苗和其他的树苗。过了一会，我看见一片几乎长着清一色橡树苗的地方，然而让我惊讶的是，这一片橡树苗中间居然夹杂着一小丛栗树，它们的高度大约有6英寸，密密地挤在一起。于是我决定先从小树丛入手，果然，我稍用力气就将小树苗们连根拔起，它们之中有4棵已经达到两岁左右的年龄，第一年有一部分已经死掉了，现在又重新茂盛地生长起来，它们各自还挂着一颗大栗子，这是它们赖以发芽的基础。还有4棵小橡果树苗，它们也大约两岁了，它们既没有死，也没有干枯，这让我感到非常惊讶。观察这8个坚果的位置后，我发现，它们都整齐地排列在方圆2英寸之内，处于树叶地表下1.5英寸左右的深度，这里的土壤松软，但是其中却夹杂着半烂的树叶。我猜测，它们一定是在两年前的秋天被一只田鼠或者是松鼠带到这里的，然后它们被埋藏起来，并最终发芽了。

栗树苗在这附近是很少见的，我都不记得自己曾经碰到过没有，尽管我很有可能会碰到，但是依旧没有清晰印象。如今我虽然特意去寻找并观察它们，但是我却并不期望很快能够看见它们。这就是你努力寻找一件东西的感受和等待它来主动吸引你注意力的感受的不同。如果是后面一种情况，或许你根本就不会对它产生兴趣，甚至有可能永远都看不到它。

尽管我心里非常明白这个道理，但是当看到这些栗树的时候，我还是感到非常惊讶，因为我竟然对此完全不知。我自认为对这片树林是非常熟悉的，并且对半英里之内的任何结栗子的栗树也都非常熟悉。于是我立刻开始期待在我家人造松林中可以找到一些栗子，然而这种可能只能是在几年之后了，那个时候，一两棵先行的栗树苗也许已经有它们最早的栗刺了。无论在怎样的情况下，熟悉这一片林地的人或者是林地的主人都无法相信居然有栗子隐藏在树叶的下面。不过，从那时的情况以及我后来所见到的来看，那片林地中有上百颗栗子，它们很可能都是被鸟兽送到那里的。

这些小栗树和我曾经碰到的那 4 株栗树一样，都没有很大的根，它们的生长特点和小橡树具有很大的不同。

我在松树和橡树的混合林中继续前行，正是林肯市的方向，在这个过程中，我的眼睛睁得更大了，我要寻找更多的栗树，而不是等着它们来吸引我的注意力。我又发现了很多栗树苗，它们的年龄大约有两三岁，有的甚至还要更老一些，它们中有的甚至已经达到 10 英尺高。栗树苗生长得并不是非常集中，而是四处分布，当我越来越接近栗树林的时候，它们才越来越多。几乎每 6 平方杆就会有一株栗树苗生长着，那棕色的土地上有黄叶衬托着，这眼前的景象更让我吃惊，因为我从来都没有对栗树的播种范围进行过研究，这里生长出来的每一株都是由被鸟兽种下的一颗栗子发育成长起来的。那是动物们费尽辛苦从东面运来的，因为只有那里生长着栗树林。根据我的观察，这些栗树苗与橡树苗非常相似，它们大多长在茂密的五针松林里，例如在布里斯特泉[①]的五针松林里就生长着大量的栗树苗。

曾经有人向我诉说他们的不解，说为什么找不到能够移植的栗树苗。对此我也并不是非常清楚，我自己也很想找到一棵十多岁的栗树苗，从而取它的一个枝干来移植，为此我就花费了两天的时间，从栗树林中快速地走过一遍，结果却是徒劳，因为我没有发现任何一棵栗树苗。想要在橡树林中找到一株可以移植的橡树苗是非常困难的，而要在栗树林中寻找一棵栗树苗也同样如此。而且比较相邻的松树和橡树的混合林，在栗树林中寻找栗树要更加困难一些。面对这种情况，我只好回到上文中所提到的混合林中，砍下了一棵小栗树。

总之，在我花费大量的时间和精力寻找橡树苗和栗树苗之后，我明白了一个事实：去橡树林和栗树林中是徒劳的，只有到松林或者是附近的混合林中才能找到树苗，这样的行程才是有意义的。

面对这种情况，你也许会说，既然栗子的数量比橡果要少很多，那松鼠等动物一定需要跑更远的路程才能找到栗子。但是我怀疑，松鼠是否会带着栗子跑到半英里之外的地方。那么一只松鼠为了寻找栗子会跑多远的路程呢？或许它们和那些贪玩

① 布里斯特泉(Brister's Spring)，在马萨诸塞州康科德地区。

的男孩子一样，不会去很远的地方。当它寻找到一棵栗树的时候，并不会摇晃树干，或者等着栗刺在霜冻中破裂，而是走到栗刺旁边将其摘下，把开裂前的栗果散落一地。如果树林中的栗树数量很少，那么它就会到每一株栗树前摇晃。因为对它们来说，这不仅仅是一次寻找食物的过程，而是一种对生活的追求，就好像到了季节就开始收获庄稼的农夫一样。

丝毫不用怀疑，当一棵小栗树苗长到 15 英尺或者是 20 英尺的高度时，那些树苗就会被移植者从栗树林中带到松树林和橡树林中。等到栗树结了栗子以后，尽管人类没有发现它们，但是它们并不能逃脱松鼠和小鸟的眼睛。这些动物会采集栗子，然后将它们种植在附近，甚至到更远的地方去。这样一来，栗树林就得到了不断延伸的机会，逐渐出现一种树木取代另一种树木的情况。

就现在而言，最重要的是林主们应该知道林地中发生了什么事情，并且懂得如何对待栗树和松鼠。但是从目前的情形来看，他们对此并没有完全了解，他们关心的只是立竿见影的结果，对于自己的林地将要发展成怎样的状态完全没有考虑。或许对于这些土地，林主们有各自的想法，但是他们却忽略了大自然的设计。如果我们不进行干预，只是完全交付给大自然，那么也许经过一个世纪以后，我们的栗树林就完全恢复了。

如果你获得栗子的方式是用手摇晃树干或者是用棍棒敲击栗树，那一定会惹恼松鸦和红松鼠，松鸦会高声地尖叫，红松鼠也会发出各种责难声，因为它们也在做同样的差事，你的到来给它们造成了困扰。当我从栗树林经过的时候，经常会看见灰松鼠和红松鼠将绿色的栗子从树上扔下来，有时我会怀疑，它们是不是专门冲着我扔的。事实上，在栗子成熟的季节，它们非常忙碌，以至于你只需要在林中站一小会儿，就能够听到这些声音。前天，有一位运动员告诉我，10 月中旬的时候，他曾经看见我们河边的大草地上有一颗绿色的栗子，这里距离最近的树林也有 50 杆远，距离最近的栗树林就更加远了，至于这颗栗子是如何到这里来的，他也不知道。

隆冬时节，我偶尔会在树叶下松鼠的通道中发现成堆的栗子，每一堆都有三四十颗。另外还有一个人告诉我，2 月时，他的儿子也发现了几个栗子堆，它们之间相隔不远，重量足有1 配克[①]，与我发现的位置比较相似，也是在树叶下。据他说，这应该是斑纹松鼠干的，因为他还看见它们吃栗子呢。我还从另外一个人那里知道，他在开渠的时候，在石头缝中发现了储存起来的栗子，重量足有 1 蒲式耳，这是一只松鼠储藏起来的过冬

① 英制容积单位，1 配克＝9.0922 升。

食物。

这片广阔而茂密的橡树林已经被辛勤的动物们种满了，那些已经枯萎的橡树树叶染红了山丘，并且发出沙沙的声音，这已经成为新英格兰地区连绵不断的景观。我利用了几周时间进行仔细观察，并且得出一个结论，我们现代的橡树林是从一粒橡果成长起来的，但是它并不是由橡果从树上掉落下来的地方开始的，而是从动物们扔下或者是种下橡果的地方开始的，即使有的橡树是从树上掉落下来的地方开始的，那也只是比较特殊的情况，并不是特别常见。

由此一来我们可以想象，这些森林的种植者们对树木的传播起到多么巨大的作用呀！尤其是对于我们非常珍贵的硬木林来说，这些动物，特别是松鸦和松鼠，是最值得我们感谢的恩人。因为有了它们，我们才能得到这样一份美好的礼物。松鼠们的住处几乎遍布每一棵树，它们住在树洞中、石堆中或者是空墙里，它们并不是丝毫没有价值的。

根据我所见到的情况，可以说，我们独立而广阔的橡树林的产生完全归因于一次偶然的事故，也就是说，是动物们在收藏果实的时候出现失误而导致的。但是又有谁能够说这些动物们对它们自己的劳动价值丝毫不知呢？当松鼠种下一粒橡果的时候，当一只松鸦无意间将一粒种子从脚下滑落的时候，它们难道没有一瞬间是为自己的子孙后代考虑的吗？这种损失对它们来说至少是一种安慰。

先不说其他的动物，我们对这些松鼠的感激又是怎样的呢？它们是森林的种植者，对橡树能够长在多高的山上、多低的山谷和多宽广的平原中早已十分熟悉，然而我们并没有认识到它们的价值，我们以任何方式认识到它们的劳动成果了吗？我们只是将其当成一种祸害。农民们只知道临近树林的田地里的种子经常会被松鼠偷吃掉，因此不断地鼓励孩子们去残害松鼠；等到5月份的时候，他们在枪里装满火药，然后去田野中射杀它们，而这个时候，这些松鼠或许正在帮助人们种植宝贵的橡果。每年秋天人们都会大规模地捕杀松鼠，有时仅仅在几个小时之内就杀死几千只，对于这样的成绩，是足够邻里们欢天喜地高兴一番的。如果我们能够在每年举办一次象征性的仪式，帮助人们认识松鼠在自然界中所扮演的角色，也许我们就不会残害松鼠，至少会更加人道、文明一些。

对有些树木来说，最宝贵的要数那些花费很长时间才生长起来的以及那些存活时间很长的树，就好比山胡桃树、橡树、栗树等。它们在我们现行体系中很难再生，可能会最早灭绝，同时也很容易就被桦树、松树等树种取代了位置。而且因为土壤需要改良以适应新的树种，再长出来的桦树和松树也没有了之前的活力。现在很多地区的桦树和松树长势并不好，甚至可以说非常衰败，能够存活下来的只有一小部分。尽管如此，这些树木上面也常常布满了赘生物和真菌，但是在200多年前，最大的橡树和栗树就生长在这个地方。

现在鼓励白橡树生长的保护措施还没有开始实施，但是在不久的将来这些措施一定会实施，我们已经在很多地方鼓励栗树的生长。这些橡树的种子将会广泛分布在各个地方，以至于并没有充足的种子去将地表覆盖起来。

在栗树林里的观察也可以说明一个事实：除非你愿意自己亲自来种，否则你在乡间不可能单独种植一种树木。如果你的松林只是单独存在，方圆几英里之内都没有橡树，那么松树下根本就不会有小橡树生长出来，如果想用橡树去填充，就必须自己去栽种，否则最后只剩下非常糟糕的松树。即使是50英亩的窄小土地上，最好也要种上不同品种的树木，而不是单纯地由一种树木来全部覆盖。

至于松鼠，这个橡树的种植者，尽管我在每个秋天都能看见它们在运送橡果，并且将橡果掉在不同的地方，或者是藏在洞里，但是我从来没有看见过它们正在忙碌地种植或者埋藏橡果。等到你挖沟渠的时候，经常会发现几粒新鲜的橡果，它们被埋藏在灌木丛中或者是橡树林外1～2英寸深的草下。这样的储藏几乎每年都会被善于观察的农夫所发现，起初他们也许会觉得比较新奇，但是当他们与邻居进行沟通的时候才知道，这是一种规律。根据观察得知，如果一粒橡果想要在常绿林中生长起来，它并不需要被埋在那里，而是需要被运送出去，然后扔在那里的地面上。12 月 3 日，我发现了一粒已经发芽的白橡树的橡果，尽管在这开阔的牧场上，大部分的橡果胚根已经被铲除，但是这粒橡果的胚根已经深深地扎进了土里。在树林里这些橡果很快就会被树叶覆盖起来，树叶为它们营造出一个潮湿隐蔽的生长环境。

秋天，我观察到这个小镇四周每个方向上的老橡树林里或者是林地附近的地上都会生长出 3～4 英寸长的橡树枝，看起来非常结实，上面结着 6～7 粒空橡壳，仔细观察橡果两边的树枝，都有被老鼠咬过的痕迹，可能它们就是为了携带更加方便而把橡果咬掉的。

如果松鼠们不想在冬天挨饿，那么秋天它们就会非常忙碌地储藏粮食。它们的仓库遍布每一片茂密的树林，尤其是常绿林。它们将各种坚果和种子都尽可能地收进树林中储藏起来。在这个季节中，你经常能够看见松鼠欢快地在篱笆上跳动着，尾巴高高地翘起，在你的头上摇来摇去，然后在石头上或者是树桩上频繁地停顿下来，或许它们的嘴里还含着准备带到远处灌木从的坚果。这样的情景，你在二三十杆之外就能够看到。

几乎每一个秋天松鼠都会有这样精彩的活动，包括采摘果实、传播种子、种植橡果和坚果等，并且这种活动变得越来越重要，因为松鼠主要依靠树上的果实生存。而这些果实并不是像小麦一样每年都会结果，提供给我们生活所必需的食物。如果是小麦，今年的收成不好，我们只需要在明年多种一些，然后很快就会有较大的收获，但是如果森林也按照树木的年龄进行轮作，那将是一件十分危险的事情，因为我们必须要考虑到那些突发的林火、虫害等。最重要的是，在每一个生长阶段都保持有很多树木在持续生长，就好像每年都要种植小麦一样。想想松树需要做的工作量有多大吧，还有那需要种植的地区是多么的广大。

尤其是在冬天，大雪将这种通过携带来传播和种植坚果的方式衬托得更加明显。几乎在每一片树林中，你都能看见有上百处地方有灰松鼠和红松鼠在挖雪，有的深度甚至可以达到2英尺。一般情况下，这些路线都是直接通向一个坚果或者是松塔，还有那些直的路线好像是它们从下向上挖成的，这种做法通常是没有人能够做到的。即使还没有下雪，我们想要找到一个坚果也是非常不容易的，当然，它们是在秋天被埋下地的。也许你会想，松鼠是凭借记忆找到果实的吗？或许它们能够轻而易举地找到果实所凭借的只是果子的气味。

红松鼠的住所通常建在常绿灌木丛下的地里，并且是落叶林中的一簇常绿灌木丛下。如果这个时候树林外的橡树或者是坚果树上还结有果实，那么松鼠住所外出的通道一般会直接通向那里。因此在林地里四处都生长着橡树是我们根本无须设想的，只要在二三十杆范围内生长着几棵橡树就已经足够了。

松鼠有这样一个习性，当它们获取食物以后，总会寻找一个干燥的地方把它们打开，通常它会选择洞穴入口处一截已经倒下的树枝，或者是拱形树干上那些已经枯死的树枝等。事实上，它们千辛万苦找来的坚果和果实都已经发黑了，大多数里面都没有种子，或者已经腐败变质。但是它们并没有放弃任何一粒果子，耐心地在那里剥着，渴望能够找到一些好的果实。在它身边的雪地上，到处都是被它遗弃的坚果皮和空壳。

就这样，有些坚果被松鼠留在了地面上，有些则被埋到了地下，然而这个环境却是种子发芽最适宜的。对于那些掉在地面上的种子是如何发芽的，我总是充满了好奇。在 12 月末，我又有了一个新的发现，那就是当年的栗子已经和一些真菌混合在一起。那些已经腐烂和发霉的树叶，正好保存了坚果生长所需要的营养与湿气。等到丰收的年份，大量的坚果就很轻松地被一层厚约 1 英寸的树叶被子覆盖起来，这在很大程度上保护了

JUGLANS REGIA L

—— 胡桃 ——

这天下午，我对裸露在史密斯山坡上的小山胡桃树进行了研究，在这个山坡上生长的小山胡桃树数也数不清楚。它们的高度不等，有的 1 英尺高，有的会更高一点，并且它们都还在生长。

JUGLANS REGIA L

坚果不受松鼠的残害，为发芽做好充分的准备。有一年大丰收，直到1月10日，我还用耙子找到很多坚果。那一天，我在商店中买的坚果种子很多都已经发霉了，但是在潮湿树叶下耙出来的坚果却非常完好，尽管它们在这个冬天已经经历过两三场雪了，但是依然没有一个是发霉的。大自然总是知道怎样包裹、呵护它们。它们尽管湿了，但是仍然非常饱满娇嫩，只要春天来临，它们就能够发芽了。

劳敦说："坚果，例如在欧洲非常普遍的核桃，如果来年春天想要种植，采摘的时候就应该把它们连同果皮堆放在一起，让它们在整个冬天进行霉变，在这个过程中需要不断地翻动它们。"在这里他所使用的就是大自然的原理，否则一个可怜的普通人能做些什么呢？因为正是大自然发现了可以用来偷窃的手指和被偷窃的宝藏。在种植各种树种时，即使是最好的园丁，他所使用的方法也就是更好地跟随自然的法则，尽管他们自己对这一规律可能并不知晓。一般情况下，无论种子大小都能发芽，用铁铲的背部将它们压进泥土中去，然后在上面覆盖上稻草或者是树叶，这样就会极大地提高成功率。

种植者能够达到的这一结果，给予我们很大的提示，使我们想起凯恩和他的同伴们在北方的经历。他们努力去适应当地的气候，等到真正适应的时候，他们有一个惊奇的发现，那就是自己在不断地模仿着土著人的习惯，被爱斯基摩化了。因此，我们在进行森林种植实验的时候，也会发现自己所做的正是大自然早已做好的，既然如此，我们为什么不能向大自然请教一下呢？她是我们包括阿索尔公爵们在内的所有人当中最有经验的。

冬天的积雪一旦融化，松鼠就可以更加轻松地找到橡果。1855年3月25日，我看见松鼠已经找到雪融化后露出来的橡果，并且愉悦地享受着美餐。那新鲜的果壳和已经被咬过的果肉撒得到处都是。

这个问题如果没有被人们注意到，那可能是因为在人们看来，动物作为中介者，并不足以解释大片土地每年种植的问题，就好像我们每年春天都会对苍蝇和其他昆虫是从哪里来的这个问题充满疑惑一样。事实上，在我们沉睡或者是无意识的过程中，大自然已将苍蝇以及其他各种昆虫保存并繁殖起来。

动物在哪里是我们必须要关注的问题。松鼠总是活动在它们应季食物的所在地。如果你在院子里种植一棵栗树，并且院子处于村庄的边缘上，那么每到果子成熟的季节，松鼠就会从各个地方跑到这里，享受它们的果子。有个人在他房子前面的一棵榆树上，半家养着一些红松鼠，每年6月份的时候，他总会发现这些松鼠有规律地跑到房子后面的林地中，那里生长着灌木橡树和油松。等到9月份的时候，他自己的灰胡桃果到了成熟的季节，这些松鼠又全部返回来。它们为什么能回来呢？难道不是为了松籽和榛果吗？还有另外一个人告诉我，他养了一只灰松鼠，每年夏天都会跑到树林中去觅食，等到冬天的时候又自己回到笼子里，在这个铁丝编制的罩子里不停地旋转着。

从事实的情况来看，哪里有松塔和坚果就表明这里会出现松鼠，反过来，这种情况也是成立的。去年秋天，我将附近三个主要的老橡树林都走过一遍，它们在 8～10 英里以内，我偶然能够发现里面住着灰松鼠。那些和我谈话的同伴以为，我是因为看到松鼠才跟着来到这里的。关于最远最有趣的树林里的一些信息，我能从一个同伴那里知晓一些，因为他经常会去那里捕捉灰松鼠。在我走过的所有树林中，我都能看到布满树叶的松鼠窝，在最近的树林中，红松鼠是我所能见到的唯一动物，而松鸦的叫声则是我唯一能够听到的声音，而它们之所以会出现在这里，就是因为橡果的巨大吸引力。事实上，那些经常去树林的人们最主要的目的就是抓捕灰松鼠，而并非被森林的美景所吸引。并且在同一季节，两个树林还是鸽子的栖息地，我在其中见到过很多鸽子。这位很喜欢抓鸽子的林主承认，其中的一片林地之所以没有被砍伐，主要就是因为它为鸽子提供了良好的住所和食物，给自己增加了更多抓捕它们的机会。

我一直无法确定在怎样的情况下，小山胡桃树会被种植在开阔地里，尽管我曾经看见过松鼠在种植山胡桃的坚果。

大自然用树木努力装点着地面，虽然有些树木看起来非常弱小、稚嫩，但是它们却在树根和树桩上蕴藏着非常强的生命力。例如，这天下午，我对裸露在史密斯山坡上的小山胡桃树进行了研究，在这个山坡上生长的小山胡桃树数也数不清楚，它们的高度不等，有的1英尺高，有的会更高一点，并且它们都还在生长。我已经观察到，多年来它们总是想要长满牧场，如果没有它们的装点，牧场早就是光秃秃一片了。我一直对一个问题充满疑惑，那就是那些种子是怎样到那里去的，这里只有裸露的草皮，任何结籽的树距离牧场中间的位置都非常远。这些树已经延伸了40～50杆远的距离，有的只有1～2英尺高，有的甚至高达6英尺以上，在有些地方它们已经成长为非常茂密的灌木丛。

我进行了仔细的察看，发现它们要么被砍倒了，要么就死掉了，并且都有着非常老的根部。这时如果你想将它们连根拔起，那恐怕是不可能的，因此想要对它们的根部进行观察，也是非常困难的一件事。我记得今年春天这座山坡的上半部已经被耕过，如果幸运的话，或许可以找到已经被拔起来并扔到田边的树根。事实和我预想的几乎是一样的：就算那里没有几千株，也有几百株山胡桃树，它们每一株都带着非常大的根部。尽管这些树木的平均高度有1～3英尺，但是却只有2英寸那样粗，由此我判断它们的年龄大约为15岁。如今想来，犁开那片土地的工作一定进行得非常艰难，而那个犁地的公牛更是付出了千辛万苦。

我选择了一株比较大的，并且看起来比较健康的树，然后将它锯断，发现它几乎已经死掉了。这棵树的年龄仅仅4岁，它之前就曾经被砍过，成为一个光秃秃的树桩，上面所显示出来的年轮是5圈。我没有再进行深一步的探究。从现在来看，它今年发出来的主芽已经干枯死亡，很明显，造成这一结果的原因就是冰霜。对于那些还没有长高的树来说，这种情况是非常普遍的。

最初的时候，我并不确定山胡桃是被松鼠种到开阔地里来的，但是现在我开始探究这块地作为开阔地已经很久了，对于这一点我并不知道。这里的老树桩非常普遍，因此我推测，这块地至少是在15～20年前被清理的。这些山核桃可能在老树林被砍伐以前就已经被种在这里了。尽管为了保证牧场的空旷，它们一次次地被砍掉，也曾经遭受过严霜的侵害，但是它们的生命力是那样的顽强，即使遭遇了各种挫折，仍旧保持着生命的活力。可惜的是，并不是所有的树都具有超强的生命力，它们中的很多因为遭受砍伐和霜冻等变得非常柔弱，正在渐渐地死去。

附近有一片比较年轻的树林，里面生长着小松树、小山胡桃树、小橡树等，它们被砍伐的时间比较接近，但是其中的山胡桃树却比其他的树木要高三四倍。出现这种情况的原因可能是这些树都被砍掉了,这片林地也遭到了清理,那些橡树和松树很轻松地就被清理掉,而山胡桃树却有着顽强的生命力,始终没有放弃这块土地。对于它们的存在,我唯一能做的解释也就如此了。

我对这座小山再一次进行观察,并且还看了布里敦的空地,想要找一株6岁以下的山胡桃树苗。这块地是在十七八年前被清理的,在这期间,里面修建了桃园和苹果园,到如今却在不断地衰败、没落。更准确地说,这里被耕作的历史至少有10～12年。那些小山胡桃树就长在果园的边上和中间。我在桃园和苹果园中仔细地寻找,半天时间过去了,依旧没有找到近些年来种下的小树苗。我不仅没有找到小于6岁的树苗,同时也没有发现任何一处结籽的树苗。在史密斯山中,我发现了很多高度为1～2英尺的树苗,它们都有着硕大的根部,地表上或者是地下还躺着很多已经死去的老树桩,一个根带着1～3个茎,这已经是一种非常普遍的现象,并且呈规律性出现。每一个茎的直径都为1英寸,高度为2～3英尺,而地下的总枝干直径为2英寸。因此,尽管从地面上看又细又短,但是想要将它们连根拔起却是不可能完成的事情。

但是,我在布里敦家的地里很轻松地就拔起了一棵2.75英尺高的树苗,这让我感到非常吃惊。之所以我们能完成这样的事情，是因为它在地面下1英尺的地方就完全断掉了，断裂处的直径为1.5英寸，已经完全腐烂了。从地面上看它的直径有0.75英寸，向下延伸5～6英寸都在有规律地增粗，直到直径达到1英寸。有一个老的幼苗的残茎，它的直径增大很突然，达到1.5英寸，甚至一直到了折断的地方都有那么粗。地面上还有一个残茎，直径大约是3英寸，上面较近的生长出来的幼苗已经有4岁。去年的芽已经死掉了，但是在今年又生出了2条嫩芽，在地面上生长的高度为6～8英寸，分别生长了2英寸和4英寸的长度。因此可以看出，这株树苗曾经为了长成一棵大树有过4次努力。第一个残茎与现在地面上整棵树相比，二者的直径是比较接近的。

第一根：4年；

第二根：至少(它死时)2年；

第三根：形成了现在的树4年；

第四根：今年生长的1年；

……

这株小山胡桃树长在开阔地中已经有至少11年的历史了，它的直径是0.75英寸，而高度达2.25英尺。第一株的茎上大约有8圈年轮。如果把根完全拔起来，我不知道会有怎样的发现。

事实上，在地面下6英寸的地方隐藏着最低的一个可见的残茎，它已经完全被泥土覆盖住了，这说明它的根躲过了土地清理和烧荒以及之后的耕作。还有一个事实能够更好地证明这一点，那就是生长在果园中的大栗树，它们已经吐出了新芽，从高度上判断，它们在树木被砍倒之前也被砍过一两次，但幸运的是它们存活了下来。也许，这些新芽和山胡桃树的幼芽是一样的。

在我看来，这些地方已经好几年都不种植山胡桃树了。如果小山胡桃树已经生长在那里，那松鼠为什么还要将这些坚果运送到这些非常特别的地方呢？它们一定是要这样做的，我猜测它们一直在从事着种植山胡桃树的工作。

在瓦尔登湖边耕作的开阔地上，生长着几棵山胡桃树。它们之所以会出现在那里，很可能就是在土地被清理以后，松鼠或者是小鸟在这里种下的。我记得，那些树木已经在那里成长了35年以上的时间。

良港山坡上的情况也是如此。我记得那片山是在35年前开垦的，那里大约在20～25年前开始出现松树。现在，我在松树林中和松树林外都能够看见很多山胡桃树，它们的高度大约为5英尺。在我看来，它们不可能是从地里35年的树桩上或者是老根上生长出来的，这一点我可以确信。那么，它们又是从什么地方来的呢？它们距离松树有1～2杆远，这和橡树的生长并不一样。为什么这里没有已经生长两三年的树苗呢？我相信它们都是动物种植的成果。如果是这种情况，那么山胡桃树和橡树的传播方式是不一样的，因为我从来没有看见过生长在松树前面或者是草地上的橡树。动物在开阔地上种下的山胡桃树是否多于橡树呢？或者山胡桃更适应那里的土壤环境，更容易成活呢？又或许在地里种下的橡果并没有生长？我可能已经将史密斯山和布里敦的情况弄错了。

12月1日，我对良港山的山胡桃树的年龄进行了检查。我在地表下2～3英寸的地方以及高出地表的地方锯了3株，它们的高度大约是3英尺。尽管它们的年轮并不是很清晰，但据我的经验可以判断，其中最小的一株已经有7岁了，它的直径大约为1英寸，高度为3英尺。剩下的两株可能年龄要大一些，但是凭借我的记忆，它们的年龄并没有松树的年龄大。因此，这3株山胡桃树一定是在过去7～25年间从坚果中生长出来的。它们大多生长在4～5杆远的开阔地上，这种情况与橡树有很大的不同，山胡桃树不仅在松树间生长，另外还在离松树好多杆远的开阔牧场上生长，尤其在沿着墙的地方有更多，尽管那里与树林之间已经相隔非常远的距离。

因此，我推测，它们一定是动物种在那里的，之所以生长在墙根的树木最多，也是因为松鼠们的出行特点。最应该让人注意的是，在开阔地里和光秃秃的山坡上经常能够看见它们的身影，但是在那里，橡树却很少见。那这种现象该如何解释呢？或许与橡树相比，山胡桃树的根要更加坚韧，在橡树难以生长的地方，山胡桃可以坚强地生长下去，并最终成为一棵大树。又或许，山胡桃树比橡树更加幸运，橡树经常会遭到牛群的侵扰，而山胡桃树却能躲过它们的侵害。

从那里走到史密斯山的山胡桃树林中，我在一定程度上又要坚持我的第一个观点。但是我仍然认为良港山上的山胡桃树在过去十几年间与橡树的种植方式是不同的。

12 月 3 日，我去李家山的开阔地里察看，在那里并没有看到任何年轻的山胡桃树。但是如果那些年轻的山胡桃树能够生长在别处，为什么就不能生长在这里呢？而这里的坚果又非常丰富。但是我在山北面发现了小山胡桃树的踪迹，它们生长在白橡树附近的山胡桃树下和树周围，夹杂在年轻的松树和桦树中间，高度有 2～4 英尺。其中最大的松树和桦树最近都已经被砍过。在橡树和山胡桃树成长方面，我更倾向于认为，它们都会被种在离松林或者其他树林几杆远的开阔地里，但是因为山胡桃树的根要比橡树的根更加坚韧，从而使它们更容易在那里成长起来。现在，我常常会想，在过去的十几年中，史密斯山的侧面或许生长着很多小松树，而它们的中间或周围就种植了很多山胡桃的坚果。当松树被砍掉了以后，山胡桃就在那里幸存了下来。但是我对布里敦山上生长着松树却没有丝毫记忆，尽管我对这里十分熟悉。

我还有另外一种猜测，那就是种在树林中的山胡桃可以保持很长时间的生命活力，以至于多年以后，即使这里已经成为一片开阔地，它们也仍然能够生长起来！

这真是一个非常神奇的现象，这些小山胡桃树已经生长起来了！我在整个良港山上寻找了一遍，并不只是想要寻找那最小的山胡桃树，同时也要寻找那些长势最好的树苗。在很多年前，我锯下来的这 3 株山胡桃树至少已经死过一次了，如今在它们地上的部分看不到任何被砍时留下的疤痕，但是在我挖它们的时候却发现了，它们就在地表下 1 英寸的地方。像这样的小树根大部分都带着几个根茎，这些茎都有着非常奇怪的形状，并且得了病。如果从远处看，它们好像已经完全死掉了。事实上，有些树木的确是这样死掉的，但是它们又努力地发出两个甚至多个幼芽，看起来好像是简陋的铁钩，然而它们大多数最后能够长成光滑而挺拔的大树，几乎所有的缺陷都已经消失了。

在安纳史纳克山南坡上，分散着很多小山胡桃树，10～12英尺高，形成了一个非常开阔的树林。这些树散播的远近和苹果树差不多，它们完好独特，具有蓬勃的生机，但是我从来不怀疑，它们和我描述的那些小树有非常类似的经历。不过，对于它们的历史，我还需要进一步调查，看看它们是如何出现在那里的。由于各种原因的累积，终于促使了山胡桃在这里萌发生长，勇敢地战胜了各种侵害和意外。它们可能在萌发之前已经过了20年，之后才成为一株年轻的树，绽放出生命的活力。

我挖起来的那3株树苗，它们都在地下有很大的主根，甚至比上面的部分还要大，这就使得它们牢固地扎根在大地上，避免任何力量的撼动。尽管这些小树的直径只有1英寸，但是却可以围着树干挖到3～4英寸深，如果想要将它拔起来，那是绝对不可能的。这样高的侧根我还从来没有见过，它们坚固、顽强，就像是铁树一般。

有些作家喜欢描写那些所谓自我锤炼人的生活，对他们不断追求知识、战胜困难的精神进行赞扬；不过如今我建议这些人去挖一些橡树苗和山胡桃树苗，读一读它们的传记，去看看它们为了完成自己的生长曾经战胜了多少困难。

说到山胡桃树的时候，我们经常会看到一些令人印象非常深刻的年轻树林，里面的树木就像球槌一样大小，如今大片的山胡桃树密林几乎很少见。我们已经很难找到清一色的山胡桃树林了。无论树木大小、树种如何，几乎已经没有清一色的树林了。如果山胡桃树想要大批量成长起来，形成中等大小的树木，与那些橡树和其他硬木相比较，它们就更需要空气、阳光以及生长的广阔空间。无论是两株单独的小山胡桃树还是1000株茂密的山胡桃树丛，它们最终都会成长起来，成为散落在牧场上的那些独特的树木。在遭遇大火的时候，山胡桃树常常会被烧掉绝大部分。我第一次去瓦尔登湖的时候，那里的开阔地里生长着很多山胡桃树，后来因为霜冻、火灾等各种侵害，那里的山胡桃树现在已经变得稀少，反倒是油松呈现出一片大好的长势。

还有一种令人惊奇的现象，那就是山胡桃树非常喜爱山坡。我所谈到的四五处区位都是山坡，这是什么原因呢？在那里它们能够得到更好的空气和阳光吗？对于它们长在那里我没有什么可解释的，就好像它们喜欢那里的风景，或者是大自然最好的安排一样。

总之，对这个题目没有太高关注度的人，不会意识到鸟兽在树木传播过程中的重要作用，尤其是在秋天，它们不断地采集、传播和种植那些树木的种子，使得树木出现在任何地方。秋季，松鼠会持续不断地工作，你经常会看到这样一个场景，它们正在采集坚果或者是嘴里含着坚果。我漫步于山胡桃树林中时，即使是8月，也经常能够听见绿色山胡桃果下落的声音，这是因为山雀在我的头顶上啄食，因为松鼠会将大量的坚果运走，因为人们必须匆忙地采集胡桃。镇里一个捉松鼠的人告诉我，他知道一棵可以结出最好坚果的胡桃树，但等到秋天他去采摘的时候，却发现树上早已空空如也，是十几只红松鼠抢先了一步。于是，他找到红松鼠的洞穴，他从树洞中掏出了1蒲式耳又3配克的去皮胡桃，这个数量已经足够他和家人享用一整个冬天了。

类似于这样的例子还有很多。秋季，你总会看见斑纹松鼠的腮帮子中携带着大量的坚果，因此，它们得到了一个非常科学的名字——“膳务员”，这是因为它们具有收集坚果和其他种子例如核桃、橡果、栗子等的习性。据说，红松鼠从很早就开始收集过冬的食物了，甚至在坚果的果皮还青的时候就已经开始了。它们把坚果堆放起来，然后在上面覆盖树叶，等到它们自己裂开，就可以轻松地运输了。在坚果落下一个月以后，你站在树下仔细观察，就可以发现在这棵树上，有多少坚果是好的，有多少是劣质的瘪果以及果壳，它们各自所占的比例是多少。那些好的坚果，早已经被那些灵敏的动物发觉并吃掉，或者传播到了更远的地方。而树下的地面，就好像是杂货店门前人们乘凉闲聊的平台，到处都是那些一边谈笑一边吃坚果的人留下来的果壳。

隆冬时节，在结有坚果的胡桃树下的地面上，经常会看见被松鼠扔掉的果壳和外皮。在整个冬季，在胡桃树或者邻近的其他树木下，也许会有小块裸露的空地，上面堆满了被松鼠咬成两半的大堆果皮。

有时会有人问我，灌木橡树的用处是什么。尽管木匠们都说它没有用处，但是在我看来，它是最有趣的树木之一，就好像在我心中，白桦树总是和新英格兰紧紧联系在一起一样。无论怎样，我认为那些看起来美丽的东西，比那些仅仅实用的东西具有更高的价值。

灌木橡树生长的地方有很多，例如干燥的平原、宽广的沙洲以及山间的沟壑都是它们生长的区域，我们的这些地方到处都生长着5英尺高的灌木橡树。大约10月1日，霜冻已经将很多树干都变得光秃秃的，而那些漂亮的，大小、形状不同的果实上面的软毛，都变成了棕色，上面还留有阳光照射以后留下的黑色条纹。这些果实马上就要落下了。如果你把那些被霜打过的光秃树枝上的果梗向后弯曲就会看见，那些果实马上就会掉下来，它们从果梗的根部折断，而果梗还附着在果实上面。事实上，有些树丛中看似有很多果实，但大部分已经空了，上面还留着松鼠的牙印。松鼠在灌木丛中将果壳里的果肉全部吃掉，只留下一些带有一点边缘的果壳在树枝上，或许只有少数的种子是自己掉在地上的。在这个季节，斑纹松鼠是最忙碌的，它们最喜欢的活动场所就是灌木橡树丛。

尽管经过霜冻，很多枝干都已经没有了树叶，但是那些带有棕灰色果壳的橡果却并不能轻而易举地被发现，除非你耗费精力专门去寻找它们。在它们下落的地上，落满了相同颜色的树叶，换句话说，已经被树叶铺满的土地看起来也成了橡果一样的棕灰色。当你的目光从果实上掠过的时候，可能根本就没有注意到它们。当你在密林中穿过，看着那结满果实的一丛丛灌木，每一丛都比上一丛要更加好看。

另外，你还能看见石头和树桩上也有空果壳，毫无疑问，它们也是松鼠留下来的。

如果你想要在一片年轻的树林中挖一条老橡树根，就算它们地面以上的部分看起来已经完全腐烂，只有一个空的洞穴表明它们的存在，你也没有办法发现任何一点腐烂的木头或者树皮的微粒。你的铁铲在挖掘的时候没有遇上任何阻碍，一般情况下，你会从这个空洞下发现一条完好的地道，它从这里向外辐射，这个地道的墙壁就是树根的表皮，即使经过100年的时间也不会坏掉。很明显，这是田鼠或者是松鼠的地下通道，可能直接通向他们的粮仓或者是住所。这一个走廊，甚至够它们用上好几代了。上面的洞穴都通向这些地道，尽管不及这地道的年头多，但是每一个老树桩对于鼠类来说都是一座新奇的城市。树桩内外的洞里到处都填满了果实和坚果皮。尽管在这个树林中，我可能一只动物也没有看到，但是在很多橡树下，你却能看见大量的橡果壳。

CORYLUS AVELLANA

—— 欧洲榛子 ——

斑纹松鼠从8月份就开始吃榛子，那时可以听见附近农场使用连枷的声音，如果你还想要收获榛子，那么你就必须在这个月的20日之后，迅速地开始采集，否则树上的榛子很快就会消失不见。

CORYLUS AVELLANA

斑纹松鼠从8月份就开始吃榛子，那时可以听见附近农场使用连枷的声音，如果你还想要收获榛子，那么你就必须在这个月的20日之后，迅速地开始采集，否则树上的榛子很快就会消失不见。曾经有人已经看到树上累累的果实，但是等到10天之后再去观察，树上的榛子早已经所剩无几。

快要到8月末的时候，那些沿着墙边生长的灌木丛里就经常有松鼠出没。当果实还是青绿的时候，它们就开始大规模地洗劫，把棕色的果皮撒满一地。在那里你所捡到的每一个坚果都不是完整的，这就说明在过去的两个星期之内，这些树的每一个细枝松鼠都爬上去光顾过。有谁见证过榛子的采集呢？这个季节对于松鼠来说是多么忙碌啊！现在，它们真的是需要一个极好的帮手才行呢。我在田野中找到的那些坚果也是松鼠留下来的，而且看起来并不很好。对于松鼠来说，路边的果实是不急于采集的。

当河边的灌木丛被彻底洗劫了以后，我偶尔会在水上的枝头看见几簇果实，这好像是松鼠故意剩下的，它们已经不愿意为了这一点果实来回奔波了。有时，我在灌木丛中的鸟窝里能找到大量的榛子壳和橡果，毫无疑问，这是松鼠或者是田鼠的作为。

对于地松鼠来说，榛子是多么重要啊！它们生长在墙边，而这里正是地松鼠的家。这就好比是长在松鼠门前的橡树——它们并不需要走太远，就能享受美味的食物。

这些灌木丛已经被完全洗劫一遍了，但是在田野中间还生长着一些单独的灌木。尽管那里离松鼠的路径比较远，但是现在上面还长满了刺果。对于小动物来说，墙壁不仅是通道，也是壁垒。顺着墙壁行走，很难到达它们下面的洞穴。在墙的两边建起的松鼠洞，也是由墙壁来进行保卫，而榛子树灌木丛里丰富的果实就是松鼠赖以生存的基础。

松鼠把家安放在一片榛子林中。它们每天盯着榛子灌木上的果实，一旦成熟就进行采摘，一定会比你抢得先机。因为你并不是每天都惦记着这些榛子，只是偶尔才会想起来，但是松鼠却不同，那是它们生存的食物，它们无时无刻不在惦记着这些榛子。就好像我们说的："工具总是准备给那些能使用它们的人。"或者我们也可以这样说："那树上的坚果是给那些能得到它们的生物准备的。"

对于松鼠种植榛子的本能及其有规律种植的行为，我从来都不会感到惊讶。

在选择坚果方面，松鼠就有非常聪明的头脑，它们知道不去打开那些不好的坚果，最多只是看一看它。我曾在墙上看到一些榛子，每一个上面都被松鼠咬开了小洞，但是里面却什么都没有。

其他植物的种子也具有非常相似的情况，只是我们没有过多地谈及它们，例如枫树籽。事实上，只要是掉在地上的种子，就会有动物过来捡，这是它们非常喜爱的食物。在这个季节，它们每天都十分忙碌，几乎所有的果实它们都会检查一遍，挑选好的食用，只有极少数可以逃过它们的眼睛。每一棵树上，至少会有一只松鼠或者是田鼠，甚至还要比这更多，因为它们的家族也十分庞大，数量繁多，无论环境怎样荒凉和安静，只要你经过那里，就能看到它们的踪迹，但是它们对行人却丝毫没有兴趣。如果你因为某些原因推迟了采摘的时间，即使是很短的时间，你也会发现，它们已经抢先一步采摘了好的果实。几乎在每一棵树下，你都会找见它们的几个洞穴。森林正在遭受着它们的洗劫。无论植物的种子大小，它们都可以将其作为食物。这也是众多种子最终的归宿之一。这些动物为了生存下去，就必须吃这些种子，试想，如果它们不吃这些植物的种子，那些素食动物又能靠什么生存呢？

在北美的所有森林中，都能够看见野田鼠的影子，它们是一种十分常见的动物，人们经常能够看见它们正在往自己的仓库中运送橡果或者是其他的种子。另外，这些坚果和橡果也经常会在石头缝里被人们发现。有一年11月，我去察看了一个老石灰石开采场，它位于康科德北面。我在采石场一块竖立的石头边上，仔细地观察着被炸以后留下来的银灰色横断面，在它的底部我发现了用来放炮用的钻孔，深度为 2～3 英寸，距离地面有 2.5 英尺的距离，就在这个小孔中，我发现了两颗新鲜的栗子、很多冬青籽、十几个豌豆，还有一些伏牛花的籽，它们都是裸露的种子，或者已经失去了果皮，里面掺和着一些泥土。

它们是怎样到这里的呢？是田鼠、松鼠、乌鸦还是松鸦？最开始的时候，我想一般的小动物根本无法走到这垂直的石头缝中，做这一切的或许是一些猛兽吧。这个地方非常适合存储食物，不会轻易受到寒风的侵袭。我把它们都带回家中，想要对它们的品种进行一番仔细的研究。晚上我对着栗子仔细观察，忽然想到一个问题，就是小鸟能否搬得动这样一颗栗子，例如山雀。我在栗子稍大的一端发现了一些刮伤，很明显是动物在搬运的过程中留下来的，像极了牙印，这一定不是鸟喙造成的，因为鸟类搬运果实的时候，通常会将喙插进果实中，然后再把它们叼走。之后，我看见了另外一处颚上齿刮擦的痕迹，但是其他的任何印迹我一直也没有找到，因此对于这些我一直充满了疑惑。

1 小时以后，我用显微镜仔细观察了这些划痕，发现这些划痕是被一些诸如大头针之类的细而尖的东西划出来的，稍微呈拱形，插进果壳表皮一点点，方向冲着坚果大的一端。再仔细观察，发现同一端至少有两个微痕，是下门牙留下来的，方向朝着第一个痕迹，彼此相距大约0.25英寸。这些痕迹肉眼几乎看不到，但是在显微镜下，它们却格外地明显。把它和普通的野田鼠或鹿鼠的牙印相比较，我现在敢断定这些痕迹就是田鼠的门牙所留下来的。我正好有一副田鼠的骨架，对比后我发现这些痕迹中的一两个完全是它两个门牙中间合起来形成的，长度大约为0.08英寸，而上面还有一些其他的印记，尽管细微，但也全部是牙印，与上下颚的形状完全符合。在另外一边，它还被新咬过一两次。于是我相信是野田鼠将那些种子放在那里的，它是我们树林中最常见的普通鼠类。

在另一颗栗子上并没有印迹，我猜想它一定是通过果梗被带到这里来的，只是现在果梗已经不在了。那里在20杆以内并没有栗子树。

通过这些放在石槽里的种子，我们对植物的生长有了更多的了解，例如石头缝中长出来的花丛、栗子树等，但是我们却没有看见种子是如何落在那里的。在这个小洞中，种子中所混杂的泥土已经足够让这些小植物发芽、生长，并存活下来了。

另外有一天，我注意到了一棵越橘，这棵越橘非常年轻但是个头却十分粗大，它竟生长在一棵高高的五针松树桩上，这棵五针松很早就已经被锯掉了，而越橘的种子就在树皮与木材中间的夹缝中生长起来了。很明显,它是由一粒种子成长起来的,这粒种子凭借小鸟或者其他动物的携带来到树桩上,之后又被风吹进了提供其生长的缝隙中,或许它是从树皮下面成长起来的。

欧洲的田鼠食物非常丰富,有坚果、橡果、粮食等。彭南特说过:"猪为了寻找田鼠藏在地里的粮食而刨地,这对我们的田地将造成很大的危害。"

我从劳敦的书以及贝尔的《英国兽类》中了解到,当迪安森林和新森林种植橡果的实验进行到很大规模的时候,实验遇到了非常大的困难,那就是田鼠从洞中把橡果带走,或者是刚刚生长出来的植物被田鼠啃咬掉。为了解决这个问题,实验者们进行捕鼠。他们在 3200 亩的森林中挖洞,这些洞底部要比顶部稍微宽一些,四壁非常光滑,只要田鼠进入洞中,就很难再逃脱出来,人们就用这个方法将这些掠夺者逮住。一天晚上,仅在一个洞中就抓住了 15 只田鼠。比林顿先生说:"很快地,我们在迪安森林抓到了 3 万只田鼠。当时是按只数付费的,为了避免它们被埋掉或者带走出现虚报的情况,两个人被派去清点数目。"那些在洞里被抓住的田鼠,被各种方式所杀死,或者成为其他鸟兽的食物。据贝尔所说,经过大致的计算,当时在两片森林中被消灭的田鼠大约超过了 2000 万只。就连一些麝鼠也没有幸免,它们的食物是橡果,并且不断地传播着橡树,尤其是传播生长在洼地中的白橡树。

在传播种子的过程中，鸟类起到了非比寻常的重要作用。圣·皮埃尔说："荷兰人将摩鹿加群岛上不利于贸易的树木悉数摧毁，但是鸟类却反其道行之，重新将一些肉豆蔻植物种满这个荒岛。"

鸦科家族以采集和存贮食物以及其他物品而声名远播，例如乌鸦、喜鹊等。早在公元前4世纪，西奥佛雷斯特就在《植物起源》一书中谈到，鹊类和其他的小鸟会将已经种植好的橡果挖出来并再次储藏。普林尼评价寒鸦说："它们把找到的种子全部隐藏在洞里，那些洞就是它们食物的储藏室。"也许这正好说明了一种树从另外一种树生长出来的原因，人类也从中吸取了经验，成功地诞生了嫁接艺术。

英国松鸦还有另外一个名字，那就是橡果鸦。我们经常在橡树或者是其他树木的树皮夹缝中看见橡果紧紧地卡在那里，之所以会出现这种情况，或许就是松鸦、山雀以及五子雀等鸟类放在那里的，这样一来，橡果就很快地被固定下来，更加方便鸟类用喙来啄食。而你在树林中所看到的树底下散落的橡果壳，通常是松鼠留下来的，偶尔也会是一些鸟类啄食橡果所留下的。有时，我会在树顶上啄木鸟啄出来的小洞中发现两三颗橡果。还有几次，我在最黑暗最遥远的林地中还发现一些谷粒，它们被安全地藏在苔藓后面、树皮裂缝以及一些其他的缝隙中，这里距离最近的田野也有大约半英里的距离，有时甚至是 1 英里的距离，因此这很可能就是松鸦的所作所为。

有一个邻居告诉我，今年冬天他曾经用玉米将松鸦引诱到门前，希望它们的习惯能够有所改变。但令他惊异的是，一只松鸦捡起玉米以后，就飞到了旁边的树枝上，并找到了不同的缝隙，成功地储藏了 12 粒玉米，然后它又飞回来想要捡更多的玉米。由此可以说明，松鸦一次能够衔走很多玉米粒，但是它并不会将这些食物吞咽下去，而是等过一会儿再次吐出来储藏。

我还发现乌鸦有时也会搬运橡果。山顶上有一株白橡树，一大群乌鸦就在那里忙碌着。去了那里之后，我发现了橡果以及已经完全裂开的果壳，其中一半的橡果肉都被吃掉了，不仅如此，地面上还撒满了又大又重的洼地白橡树的橡果壳，然而这里距离最近的洼地白橡树也有 0.25 英里远。冬天，乌鸦依然会把橡果搬离同样远的距离，或者带着橡果到其他树木上栖息，纷纷将果壳撒落在树下的雪地上，尽管我怀疑它们也许更喜欢吃肉。

在很大程度上，鸽子也依赖橡果生存，它们可以吞下一整个橡果，因此有时橡果的传播也有它们的功劳。它们还有一种喜好，那就是对春天留在地里半腐烂的橡果十分感兴趣。伊夫林说："有人告诉我，在欧洲野鸽的嗉囊里发现的小橡果是非常美味的食物。”

曾经我还从一个猎手那里听说，他曾经在铁夹子上放置了橡果，并且将其放在水下，竟然抓住了7只鸭子。这些鸭子被橡果所吸引，最后却被夹子夹住了脖子。

事实上，如果你想知道鸟兽采集橡果的速度，只需要在一个季节和它们进行比赛即可。比赛结束你就会非常明白了，即使橡果的数量非常庞大，也会在短时间之间被采摘干净。

按照圣·皮埃尔的说法，动物与树木果实之间的关系是相互的，不仅动物在系统地寻找果实，果实也在寻找动物，或者在半路就会碰到它们。他说：“一只笨重的椰子从树上掉下来，砸在地上发出很响的声音，即使在很远的地方也能够听到。安的列斯岛上的格尼帕树上生长着灰色的果实，成熟以后它们就会从树上落下，然后在地上弹跳起来，发出枪击一样的声音，每当听到这样的信号，就会有很多客人前来觅食，尤其是众多的陆地蟹，它们非常喜欢这种食物，就好像这些果实是专门为它们准备的一样。吃过这些果实以后，陆地蟹很快就会长胖了。坎尼菲希树上的籽荚成熟以后，每当有风吹过，籽荚之间就会进行摩擦碰撞，发出近似于磨坊里的嘀嗒声。”

动物们的一系列觅食和运送种子的行为，使地球上的几乎每一部分土地都充满了种子或者各种树木的根部。它们都充满活力，有时即使是从很深处挖起来的种子，也仍然保持十足的活力。土地就好像是一个发源地和一座粮仓，因此有人大胆地认为地表就是一个巨型生物的表皮。

大自然在每一处土地上都撒满种子，我注意到当行人开辟一条新路或者是拐入一条旁路的时候，即使这条光秃秃的小路很窄，但是不久之后，它也会被小树丛所填满。

当松树被砍倒以后，并不会再从根上生长出来。关于这个事实，希罗多德是这样说的："克罗伊斯派遣兰普萨尼斯人去解救米太亚德。他威胁他们说，如果完不成任务，就会像砍松树一样将他们消灭。兰普萨尼斯人对克罗伊斯的意思并不太明白，然而有一位老人明白了其中的意思，他告诉他们松树一旦被砍掉以后就不会再长出任何新芽，整个树就会完全死去。"这样一来，大自然给予松树的传播方式只有一种，那就是依靠种子进行传播。

我们已经发现，除了山胡桃树以外，年轻的栗树和橡树都很少需要高大植物的庇护。但是从另一方面来看，年轻的五针松和油松在开阔的阳光地带具有更好的长势。实际上，松树低处的枝干经常会发生死亡的状况，而留下的枝头却是青翠的，这也就说明了它们的生长是极需要空气和阳光的。当树木密集生长的时候，它们就会变得细长；但是在树林边上或者是开阔地里时，它们的生长受到的影响较少，就会长得非常粗大和舒展。

五针松与油松相比较而言，能够更好地适应树荫。我们经常能够看见在长势良好的松树和橡树下生长着小五针松，实际上，从这些地方移植的五针松是最柔弱的；但是想要在这些地方找到小油松是比较困难的，由此可以看出，油松的生长需要更多的空气和阳光。

我从一片长势非常茂密的油松林中走过，里面只生长着寥寥几棵五针松，它与油松的比例大约是 1∶1000。我很惊异地发现，在油松下面长出了很多小五针松，还有很多小橡树，但是小油松的数量却非常少，就算偶尔有几棵，长势也非常不好，又细又弱，小五针松树苗和油松树苗的比例至少为 1000∶1，这与刚才的比例恰恰是相反的。

我再一次对一片已经成长 30 年的茂密油松林进行检查：它的宽度为十几杆，长度为三四十杆，从东边一直延伸到西边；在松林的西面或者是四分之一部分都没有一棵结籽的五针松，但是却又有上千株的小五针松和几株小油松。同时好像跟平常一样，里面还混合生长着很多细小的橡树苗。对于它们的来源，我即使不用四处寻找也能够轻易地知道。

从总体上来说，这种现象尽管非常奇怪，但是却非常有规律。在茂密的油松林中，你是无法找到太多小油松的，尽管这里可能并没有结籽的五针松，但是却生长着大量的五针松。

为了证明这个规律，我对附近的 17 片油松林进行检查，其中有 13 处能够证明树木生长的这个规律。在其他的 3 处，小五针松和小油松的数目都差不多，但有一个很明显的原因，就是树林稀疏。还有一处是比较例外的，而当时，我仅仅只是从树林的一端对它进行观察。

我在油松林的树下找到了几百株小五针松。我从另外一个人那里知道，去年他想找 100 株小五针松种植在自己房子的周围，但是发现它们都长在自己的油松林里，在那里他还能找到更多的小五针松。通常情况下，小五针松总是在油松树下面生长出来，只要油松不是太大或者是特别茂密就不会影响它的生长，但是在油松树下通常不会长出小油松树苗。如今是这样的状况，两三年以前也是这样的生长状况。例如，我知道有一个山坡，通过树桩上的年轮我可以推测出，这里曾经生长着一片茂密的油松林，而在这三四十年间曾有无数的五针松生长起来。

按照这个规律来看，如果你要将油松砍掉，紧接着你就会得到一片茂密的五针松林，或许里面还会生长出一些小橡树来。这种情况是非常常见的。例如去年秋天，我对一片已经生长了 35 年的油松林进行检查，它的一部分已经在上一年冬天被砍伐掉了。在这部分被砍伐的树林中，林主将所有的油松都悉数砍去，只留下了五针松，现在这些五针松平均有5～8英尺高，已经形成了非常浓密的树林，具有非常高的价值。但是能够结籽的小松树只有三四株，它们的大小和树林里的油松比较接近。五针松林和以前的油松林一样茂密，这样下去，8～10年以后就会取得非常大的收获。

在附近的13个林地中，有3个林地的情况和这里是完全相同的。尽管林主对五针松的习性并不是非常了解，但是他仍然使用了这个方法进行培植。事实上，在有些树林中，油松最终的确会被五针松所取代，并且生长出来的五针松具有非常好的长势。通常来说，松树是橡树的先驱，而油松从某种程度上也可以看作五针松的先驱了。还有很多五针松取代了油松的例子，但对于油松取代五针松的情况我却并没有听说过。

茂密的油松林中小油松的数量总是比较少，但是在油松林边上的开阔地里，它们总能够生长出很多来。在松林中，小五针松与小油松的比例是100∶1，但是在开阔地中，它们生长的比例却恰恰相反，由此也可以证明，阳光对小油松的生长是非常重要的。

总之，小油松的扩散非常迅速，在很短的时间内就能延伸到牧场中，这样就将树林的边缘扩大了十几杆远。这样的延伸并不针对附近的树林，而仅仅为了更加广阔的方向。

我对一片人造五针松林进行检查,里面有一条存在了 25 年的狭窄地带,其宽度仅为 6 杆。风将油松籽吹过那里,它们就在外围的开阔地中大量生长起来,但是在这些油松树下,却连一株小五针松都没有看到。

每当一片油松林被砍伐掉以后,与它临近的开阔地边缘上,小油松林就会代表着那片树林继续生长。这种情况我是经常看见的,在一大片被砍倒的油松林中并没有一棵小油松苗,但是在另一边的开放牧场上,却成长起来一小片油松林。总之,这些树木就依靠这样的方式进行传播。

在我给我们的林地分类的时候,我把那些生长在被清理后或者被耕种后的土地上的树林称为新生林,或许这些树木与土地被清理后才长出来的树木并不属于同一个类别,但是仍然被我划归为一类。在我的记忆中,新生林几乎是由松树或者是桦树组成的。然而我对枫树并没有专门注意过,或许这些树就生长在从来没有耕作过的土地和林地中。

在那些从来都没有生长过树木的地方,通常生长出来的是桦树林、松林和枫树林。在这些树中间,你经常会看到很多空地,并且持续出现很多年。但是在它们之间仍然存在很多规律,例如橡树不会和老草皮一起生长起来。这些树形成萌芽林,或者生长在新近的松树树桩之间。

我们最广阔的松林生长在开阔地里。松树最多的林子里的土地，开始都是光秃秃的。

我们常常能看见在牧场上长满了油松、桦树和五针松，等到它们 12～15 岁的时候，灌木和其他的橡树开始生长，然后渐渐地将苹果树、篱笆、墙壁都包围起来，就这样，这片地区的整个面貌就被改变了。但是，这些树并没有在土地上均匀地覆盖着，而是按照大自然的生长规律成群地结合起来。或许你还记得，在 15 年前，这片牧场还没有任何一棵树，也没有任何一粒发芽的种子，而现在却生长着一片茂密的树林，它们的高度足足有 10 英尺。这些树木很快将这里的一切都覆盖起来，例如冬天走过的山谷、奶牛走的小路，还有岩石等，一切都变成了兔子活动的天地。

就像我说的一样，这种情况也适用于油松。如果你在山顶向远处观望树林，就会发现，传播最远的就是五针松，通常它们会和橡树形成混合林，并且以直线和曲线的方式生长（它可能会生长在山脊上或者是森林中，偶尔也会形成一片茂密的树林）。甚至还有一些探索者在报告中介绍说，它们还会在缅因州的原始森林中出现。五针松还常出现在低地上，那里原本是油松的地盘。因为油松的松羽短小并且易碎，通常会生长在平原、旱地或者是低山上。那里的苔藓具有非常旺盛的长势。对于其他的树木，油松通常会很排斥，如果它们形成了新的树林，那么在那里就不会再生长其他的树木了。

一旦茂密的油松林生长起来，它们就会占据牧场之前平坦草皮状的地表。它们的树叶很少，腐殖土通常也很少形成。在苔藓可能已经开始腐烂的桦树边上，在绿色苔藓和到处开放着的白石蕊的地块上，在我看来，是很难长出新的树木了。或许在一棵老苹果树的旁边，如果你看不见，你还可以用脚去感觉那牧场上古老的奶牛便道。在这几片新生林中，我能够看见桦树和油松的中间存在成排的玉米茬，这是比我们先到这里的印第安人留下来的。总之，我已经察看了镇子里40多片这样的树林，但是仍然不知道有哪一片长势茂密的油松林是从开阔地上生长起来的。

甚至我还对12～15年前被砍伐过的树林的中间地区进行检查，那里的灌木橡树以及更迭的其他树木给了我很大的提示。我从树桩上推测出它们来自于开阔地，很快我就发现了证据，这里曾经生长着另外一片新生林，后来的树木也从此生长起来。如今就在北面，所有的树都长在一些较低的边缘上，尽管在林地中间还有很多石头堆，那里曾经被牛犁过或者是被人耕作过。

如果你想要找到不在荒地上生长的茂密松林，那么最好的方法就是对它们生长的地方进行研究。一片松树被砍掉之后，

PINUS STROBUS

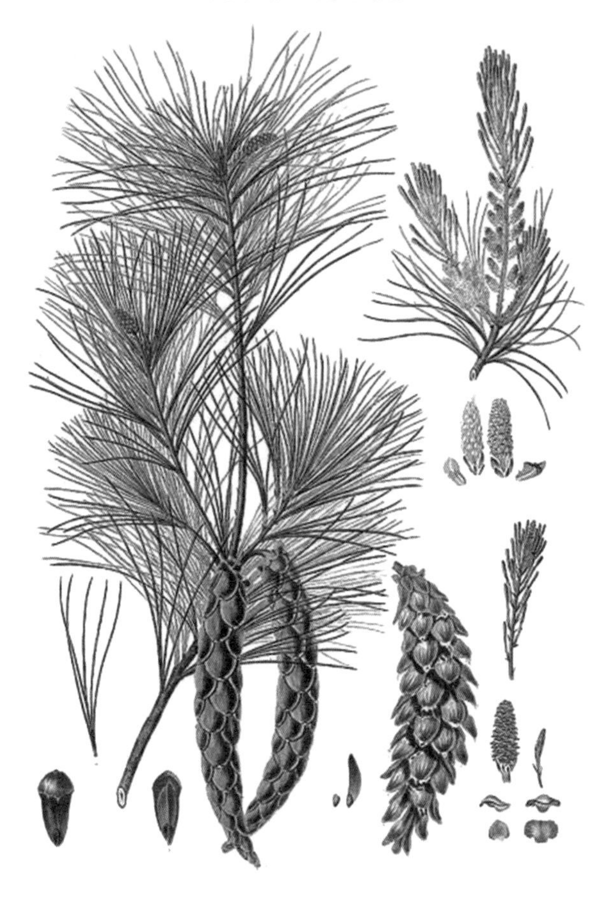

五针松（北美乔松）

在五针松林中,只要有开阔一些的地方，你就能看见小五针松在那里生长起来。尽管它们相对来说非常瘦弱，但是它们中的绝大多数都能生长成大树。

PINUS STROBUS

那里就会生长起来无数灌木、桦树和橡树。对于这种情况，我丝毫不会感到惊讶，因为土地的营养已经被严重消耗，变得多沙而贫瘠，在这里长势很好的灌木橡树无法将土地覆盖住，因而少量油松的种子也无法在那儿发芽生根。

因此，由于各种因素，已经被砍伐的林地多年来一直处于一种荒凉的状态中，其中或许会混杂着各种杂草，甚至还生长着茂盛的五针松和油松。

很多人会问道："在白人来这里生活之前，油松到底是在哪里生长的，如果那个时候真的有密林，那么又是谁将土地清理出来，给油松创造一个良好的生长环境呢？或许它们在经历了耕种，将它们的土地保住以后，就变成了更加普通的树苗？"

在一般情况下，油松生长的土地并不肥沃，甚至严重沙土化，因此它的土地还另外得到一个名称，即"油松地"。这不是正好符合"森林覆盖下的贫瘠沙地"的说法吗？然而，我们发现它长在最好的地里。无论是在沙地还是洼地，它都能生长起来，但是从它在沙地上生长的事实来看，并不能说明它只适合生长在这样的地方，而对更好的土地充满排斥，在"油松地"生长的树木并不只是油松，因为当你把油松全部砍掉的时候，你就会发现橡树很快会取代它们，全部生长起来。

有谁能够知道，印第安人的开垦和大火给这里带来了多少荒原，以至于现在生长出这么多的树木？他们每年烧，促使作物更快地生长，同时还有规律地开垦荒地用来耕种。这些地都是平地，土质非常松软，从而使他们用简单的工具就能更好地劳作。当一块地的养分快要被耗尽的时候，他们又会开垦另外一块地进行耕种。

这些土地就是被这个镇子的人们开垦后所留下来的。你能够在乡间任何区位类似于这样的地方发现它们的遗址。只不过印第安人从未能征服这一片片洼地、一座座山峰、一条条沟壑，而这些我们却做到了——现在，这里的洼地中枫树遍布，山冈和山谷中长满了橡树。我知道，最迅速覆盖印第安人所遗弃的那些地区的树木就是油松，其次是五针松和桦树。通常来说，油松在树林中不会大量地生长，但是它们却能很好地利用一些林木稀疏的地方以及空地。我们在树林中所见到的大油松，很可能就与树林有着非常接近的年龄，或者它们原本就是一起成长起来的。因此，我判断，当橡树被砍伐以后，松树不会立即取代它，就算那块地一直处于开阔和裸露的状态。它们想要覆盖它也需要一个非常缓慢的过程。

所有移植过松树的人都知道，最强壮最茂盛的小五针松就生长在空地、牧场和阳光充足的地方。它们和油松比较相似，也会反射太阳发出的黄色光芒。如果你想要知道它们的生长年龄，只要对它们的颜色、密度和强壮程度进行观察即可。但与油松不同的是，通常五针松会生长在林地的中间，在密集的树林中它的长势并不好，一眼就能看出它们是不同的树木。尽管在生长茂盛的油松林中没有或者只有少数结籽的五针松，但是在林地中的五针松却明显多于小油松，同时我还怀疑即使在同样密度的五针松林中也看不见这样多的小五针松，尽管丰富的五针松种子来自于五针松林。然而我只对3处密集的五针松林进行了检查，即塔贝尔洼地密林、布拉德冷洞旁的林地以及惠勒人工林，这个事实就非常明显地展示出来，油松对五针松最普遍的好处只有两点，那就是遮阴和培育。

我曾经说过，在老油松林或者是在其边缘地带和开阔地上生长的小油松具有非常茂盛的长势，这是一个事实。但是小五针松与五针松的关系却并不是这样的。在五针松林最茂盛的地方，你几乎不会看到小五针松的影子，不过在五针松林的边缘和中间的宽阔地带，它们却可以大量地生长。

我对布拉德冷洞旁的林地进行考察。在6年内，它的北面1杆范围内出现了一大片开阔的牧场，尽管现在篱笆已经移开，但是在不同历史和条件的土地上所生长出来的五针松却明显的不同。一面是茂密的松林，下面并没有生长出来小树；另一面，在1杆远的地方，生长着密集的小松树，它们的高度有2～3英尺，两面之间以一条直线为边界，正好是之前篱笆所在的位置。这条边界非常明显，观察者都能发现，边界以北的松树只有牛群曾经踏入过，并没有遭受过破坏。

上面是我列举的一处例子，还有另外一处，一条路和一大片树林的边缘邻近并且平行，树林中主要生长的就是五针松，里面并没有篱笆。在密林中，我并没有发现小五针松，但是在路的另一边1杆之外的位置，我看到篱笆下面生长着一排非常密集的小五针松，甚至那些低一些的篱笆已经被它们挡住了，但是由于耕作的缘故，它们也没有办法生长到更加遥远的地方去。在马尔伯勒公路，我看见茂密的橡树林边上生长起来许多小五针松，但是在橡树林中却一株也没有，这是因为五针松也非常喜爱空气和阳光，尽管它的这点需求并不如油松的那样强烈。

然而就好像我说的，在五针松林中，只要有开阔一些的地方，你就能看见小五针松在那里生长起来。尽管它们相对来说非常瘦弱，但是它们中的绝大多数都能生长成大树。五针松会在开阔地中生长起来，尤其是在五针松林中的那些空隙地方，即使是在松树下，它们非常瘦弱，也仍然同遮蔽它们的大松树相互呼应着，但是如果大松树生长得太过于茂密，那么它们也是无法生长的。因此我们可以知道，五针松可以在任何林地中的开阔地方生长起来，即使那仅仅是一小块空地。

我还观察到，在小橡树林中，它们也会生长起来，但是从年龄上，它们明显要小于橡树至少 6 年。毫无疑问，它们是被风从远方带到这里来的。

我经常看到有些地方很多年都没有被其他树木覆盖住，但是小五针松就做到了。因此，在这个镇里，茂密广阔的五针松林并不如油松林那样普遍，它们绝大部分中间都会生长着橡树。

去年秋天，我对 3 个老橡树林进行考察，即布拉德、威尔比和英奇士，它们从来没有被砍光过。我在这几片林地中看到五针松是如何自然取代橡树的，它们自己转化成了密度平均的原始森林。

在布拉德树林中，有许多五针松的年龄已经达到 20 岁，它们四处分布，相信在 100 年以后，这里看上去早已不再是橡树林，而是一片茂密的五针松林。

在威尔比的橡树林里，橡树下面生长着很多细小的五针松，但是只有一棵的长势比较好。

英奇士橡树林里的情况也大致如此，我注意到了很多大小不同的小五针松。它们大约有 20 英尺高，生长在树木稀少或者是开阔的地方。在那里还生长着相对较大的一些五针松，它们和橡树混合在一起生长，尤其是在山坡上，这种情况更加多见。一些小的树木因为高度不够，所以从远处或者是山上很难看清楚。它们只在开阔地中才比较茂密,每隔两三杆就有它们细长的身影。如果把这里的橡树全部砍去,这里将会在很短的时间内形成一片茂密的五针松林。就像现在这样,自然不断地快速更迭。偶尔你就能看见,当一棵又老又大的橡树腐烂以后,将很快被一棵松树取代,而并非橡树。如果这片林地完全自生自灭,那么现在的这片橡树林最终就会变成一片五针松林。

因此,我们就会看到为什么一片原始的橡树林会逐渐被松树林所取代,橡树慢慢腐烂,而松树逐渐生长出来,也许这就是最自然的更迭方式。在橡树与松树的混合林中,橡树苗并不会像松树苗一样迅速地在开阔地里生长起来,因此橡树一旦腐烂,松树会很快生长起来。

在这些老橡树林中,我所看见的自然更迭才刚刚开始,五针松正在逐渐取代橡树,在所有的这些老橡树林中,无论发生怎样的情况,橡树被砍掉以后,就不会有任何幼苗生长出来。它们想要重新生长出来,就必须通过种子才能实现,这与上一轮的生长是不同的。如果林主想要砍伐掉橡树,那他就要注意里面生长出来的松树,因为它们随时准备着取代这片橡树林。

五针松如何取代油松我们已经看见了,这是一种非常普遍的现象,而橡树也会取代松树林。因此当五针松林里有一些空地的时候,橡树就会生长起来。林子里有很多小松树,或许橡树也会在其中混合生长，除非这里的小松树生长得非常茂密。因此，如果橡树林中的松树生长很浓密，或许它就可能取代了橡树，尤其是当橡树林中的橡树桩无法发芽的时候。这样的橡树林被砍掉以后，地面裸露出来，给松树提供了很好的生长空间，于是松树就迅速生长起来，这一切都取决于环境。

例如，去年秋天，我对一片萌芽林进行考察，这片树林大约有十几平方杆，里面的大松树和橡树在前一个冬天被砍伐掉了。以前五针松所占的比例为2/3，而橡树所占的比例为1/3。很快地，我在空地上发现了五针松树苗，足足有20多株，都已经长到了1英寸的高度，但是这里并没有相同大小的橡树苗。根据我的观察，五针松和白橡树通常不会结出大量的种子，除非经过几年的间歇之后才可能实现。在已经过去的6年里，这里的五针松和橡树都没有结出很多种子。不过在上一年，五针松的种子就非常丰富，但是白橡树的种子就非常少。

出现这种现象，就说明更迭的树种主要取决于树林被砍之前的一年，哪种植物的种子更丰富一些。如果树林被砍掉，而土地仍然保持四五年前的状况，那么五针松就很难成长起来，因为那个时候根本就没有它的种子。林主在砍伐树木之前就应该想到这些问题。

在一定时期内，五针松林也有可能会取代老橡树林。

通常来说，一片混合林的产生方式多种多样。在茂盛的大松树下，橡树苗最终会死亡，但尽管如此，在树木稀少或者是开阔地以及树林的边缘上，那些橡树苗最终还是会长成一棵大树。如果将一些松林砍伐掉，橡树就得到了生存的机会，开始生长起来。如果将一些橡树砍掉，那么松树也会以同样的方式生长起来。如果松树非常稀疏并且非常小，并且在它们中间种下的橡果也很少，那么它们最后一定能够长成大树。

如果这里发生一场大火，10 英尺高的桦树、枫树、松树和橡树都遭到大火的洗礼，那么所有的松树都被烧死，而硬木又会从根部迅速地成长起来，仅仅在短短的几年之内，就长到和以前一样的高度。在这个过程中，如果没有发生大火，土地的养分也许就会被松树耗尽；但是橡树会充分地利用松树的弱点，随时准备好取代松树的存在。

在一大片开阔的五针松林中，你经常会看见其中成长着成百上千的小五针松苗和小橡树苗，这时，你很可能就会得到一片混合林。橡树一旦生长起来，如果你不将它们清场，想要将它们完全清除就是一件非常困难的事情，但是当你将密集的松林砍掉之后，很可能就会得到一大片橡树。如果你将松树悉数砍掉，得到的就是清一色的橡树林；但是当这片橡树林被砍伐掉以后，它们还可能再次萌芽生长起来。

然而橡树有时也会给松树以可乘之机，如果橡树不密集、被大火烧过或者由于其他原因造成树木稀疏，松树就会进入橡树林，反过来也是如此，于是就形成了混合林。当油松被砍掉以后，那地面上已经生长起来的小五针松就被留了下来，另外还生长着一些小桦树、橡树等。尤其是当五针松并不是非常高大密集的时候，混合林就这样产生了。在一块贫瘠的土地上，当油松被砍伐以后，很多年之内如果桦树和橡树等树木仍然没有将土地覆盖住，那么这时油松很可能就会再次出现，和其他树木混合地生长起来。这时，如果你想要得到一片清一色的橡树林，那么你就必须依赖橡树芽，如果这时没有足够多能发芽的橡树桩，橡树也会在大量的松树出现之后再次出现。如果你将一大片长势良好的橡树、松树混合林砍伐掉，里面又没有生长松树，那么最后就可能产生一片橡树林。

因为树的种子形状不同，有的带有翅翼，有的没有翅翼，所以最后的结果就是其种植的方式会不同。带有翅翼的种子有时会被风带着全部吹向同一个方向，而没有翅翼的种子只能通过动物的传播走向四面八方。根据我的观察，带有翅翼的树种有很多，例如白桦树、松树、红枫、桤木等，它们形成的树林通常会有一定的规律，就是呈椭圆形、圆形或者是锥形。但是橡树、山胡桃树、栗树等树种就与之不同，它们往往会形成一定的规模，但是界线并不规则，除非它们生长的松林没有被打扰，那么才可能呈现出椭圆形或者是锥形。

现在我们以一片生长在牧场上6年的小五针松林为例，它与橡树和松树的混合林紧挨着，形状为半月形。半月亏缺的地方被混合林占据，正对着一片五针松林。就像这样的树林，被沿着篱笆或者耕地修整成正方形，就像我们用数学公式计算出来的一样，是人类的生活改变了它们的形状。事实上，我站在山顶上，可以将远处松树与橡树混合林形成的规则的圆形区分出来，方圆有十几杆。在拓荒者眼中，缅因州的五针松组成了“社区”或者是“血管”。而正是橡树，它不仅占据了广大的生存空间，同时还将其他林地中的缝隙填充完整，将它比喻成“血管”，则十分形象。

除果实呈锥形外，松树的树冠也是锥形，比落叶乔木的树冠还规则、密集。在乡间经常会发生这样一种情形，老松林中吹来的种子长成了新的松林，与原来的树林相比，它是非常年轻的，在林主还没有允许大自然自行发展的时候，许多树木的种子或者是更迭树木就已经被犁掉了。松树很自然地向外扩散而来，但是它并不会很快长出许多小松树。在野生的林地中，树木通常会遭遇虫害、火灾，但是却没有奶牛、斧头等的打扰，是一个非常自然的生长过程。

我们的林地都有一段历史，或许我们还可以将其恢复成100年前的样子，尽管我们并不会真的那样去做——或许一小片松林就会像我描述的椭圆形的一个侧面，或者是半圆形，又或者是被篱笆环绕的方形。如果我们更加看重我们林地的发展历史，那么就可以更好地管理它们。

今天，我去洛林家的林地边缘进行观察，他家的灌木橡树围绕着邻居家的密集小油松林生长着，分界线笔直并且十分清晰，甚至没有一株树木越过这条界线。现在橡树生长的位置以前生长着松树，曾经有一片长有小松树的开阔地围绕着它们。我围绕林地的边缘跑步的时候，常常就会顺着非常明显的界线跑，然而在那里并没有篱笆与这条界线相对应。在一个例子中，通过10杆距离的观察所得到的信息，我就可以推测到80杆范围之内的情况。

很多人的田野都长着一排密实的油松，作为边界，在那些邻近的林地中也是同样的树种，尽管现在它们都已经是硬木了。

10月中旬的一天下午，我从小镇外的田野走过，20杆之外的橡树林吸引了我。这里有一条狭窄且密集的油松带，其宽度大约为1.5杆，生长的时间大约为25或30年。它在橡树林的南面排成笔直的一行，长度大约为三四十杆，与一片牧场或者是开阔地相临近。这条油松带在辽阔的橡树林的衬托下，显得非常特别。橡树林里面并没有松树生长，而这条油松带里面确实是清一色的油松，因此，从这个方向看上去，就好像这里是一片松林。除此之外，在这个季节，它之所以能够更加吸引人，是因为橡树与松树的颜色有着非常明显的差异，橡树是红黄色的，而松树则是青翠的绿色。我在还没有接近它的时候，就已经将它的历史完全读懂了。就好像我期待的样子一样，我发现了一道将橡树与松树分开的篱笆，原来这种树木属于不同的主人。

就像我期望的，我发现了这样的事实，在 18～20 年前，在今天橡树生长的位置上曾经生长着一片油松林，后来因为某种原因，它们被砍伐了(因为在这片树林中我还能看见很多老油松树桩)。然而在它们被砍伐之前，它们的种子已经被吹到邻居家的地里，这些小油松就沿着篱笆的边缘生长起来了。因为它们具有非常好的长势，邻居开始限制它们的生长，于是想尽办法阻断它们，或是砍断，或是犁掉，于是就留下了 1 杆半的宽度。尽管这条油松带中没有混入结籽的橡树，但是在整个林地中都生长着不足 1 英尺高的小橡树苗。

这些就是附近众多林地的历史，也是非常普遍的林地历史。但是我却非常想问一个问题，这位邻居通常会让这条树林在田野边上生长，为什么就不能采用同样的方法使得它们向整个地里延伸呢？最后当他看到它们的长势时，难道对自己的选择就不后悔吗？为什么到了如此的地步，还要这样依靠从我们邻居树上吹来的种子或者是大自然的意外来形成树林？难道就不能好好地管理和规划我们自己的林地吗？

在森林几何学中有很多这样的问题需要解决。例如在同一天下午，在可以望见上面所提到的树林范围内，我读到了更加久远的森林历史，还有各种各样的故事。

我从一片荒凉的田野上穿过，来到一条绿色的五针松和油松林带，它大约有 30 年的历史，长度约为 30 杆或者是 40 杆，宽度大约有 4 杆。在它的东面有一片大约 15 年的橡树林，它们的颜色为红黄色。在它西面的松树和开阔地之间，生长着一片 3 杆宽的五针松和油松林，高度为 4～10 英尺。它们从草地上生长起来，最开始的时候，我并没有将它们和老树林区分开。

根据这些事实，我找到了这座墙。即使我没有做出说明，你也会知道，这是一大片橡树林与松树林的间隔地带。

早在 15 年前，如今橡树林生长的地方是一大片松林，因为我在橡树下发现了松树的痕迹。那片位于这片林地以西的田地属于另外一个主人。但是在这片田地中早已经埋下了风吹来的松树种子，并且发芽生根，最后长成大约 4 杆宽的林带，甚至可以说，松树长得越来越浓密，最后占据了全部的田地。

15 年前，林地的主人将松树全部砍去，但是他的邻居并没有准备将自己的年轻树林砍掉。如今,这片新树林大约也有30年的历史了,很多年以来,这些树努力地向旁边的开阔地延伸。但是这么长时间以来,主人并没有注意到这样的迹象,一心只想着自己的利益,一直在树林的边上进行耕作。就像我所看到的,事实上他仅仅是多得到了一点豆子。松树不是他种植的,但是却在不经意间长大了。最后,这块田地的主人终于在一个春天放弃了这场比赛,决定将自己的耕地范围缩小到树林3杆之内,因为这些小松树长势良好,具有非常好的发展前途。最后他决定只耕种到交界的位置,就这样,第二片小松树林诞生了。如果在这之前,田地的主人并没有对松树的生长进行干预,给予它们生长的空间,也许它们就会将一半甚至所有的荒地覆盖起来。

我对这片松林进行了仔细的研究,发现这片小松林中还生长了少数的白桦、稀薄的草皮,以及大量的香蕨木,但是这里面几乎没有橡树苗生长,并且所有的树都很小。在大松林中,生长着很多其他的树苗,大部分都是各类橡树苗,例如红橡树、白橡树、灌木橡树、黑橡树,也有很多小油松和小五针松,另外还有少量的白桦、榛子、野草莓和蓝莓。松籽就是通过这条狭窄的边缘,被风吹进了牧场,动物在松树的下面种植着橡果。尽管这片松林还很小,但长势非常好,所有的东西一样不缺。

于是,这两条松林带就有了新的生长希望,它们不断地去征服老土地和新土地。而松树借助风的力量将自己的种子播撒到远方,而那些来自橡树林的橡树苗已经在松树下建立起了自己的根基,随时准备着将松树取代掉。我们可以说,松树是树木生长的前锋,每当火灾来临,它们总是挺立在最前面,而那些小橡树则躲在它们的身后,避免火灾的危害,松树的牺牲换来了橡树更长久地稳定生长。就好像我说的一样,一旦平原的附近有松树生长起来,就会有两三棵松树快速地伸入平原 0.25 英里的位置,它们利用一切它们可以利用的条件作掩护,例如岩石、篱笆等,牢固地生长起来。通过望远镜,我可以看见它们的翅翼正在迎风招展着。或者说,它们就好像是佐阿夫士兵一样勇敢,即使没有桥的大河,它们也能跨过,并且快速地登上非常陡峭的山坡,不畏严寒酷暑地永远生长在那里。

松树是先锋,它走得最远,橡树永远跟随其后。这样一来,两种树木俨然形成一个整齐的军队,松树就像是轻步兵团,提供散兵和侦察兵;而橡树则是精锐部队,持着稳健的步伐前行,形成一个坚实的方阵。

有地质学家说,松柏科的植物相较于橡树来说要更老一些,因为在进化链中,它们的等级要更低一些。

即使在生长了 30 年的茂密松林里,碎石边仍有许多 10 英尺高的蓝莓和越橘丛,它们是以前高大密集的越橘和蓝莓留下来的，那个时候，这里还没有生长其他的树木，是一片空地，农夫已经在这场战争中被击败了三次：第一次就是越橘和蓝莓的斗争，第二次是与30年前的松林斗争，第三次是同这里生长起来的小松林斗争。因此农夫只好在无奈之下接受这片林地；或许在他看来，可以将这里作为自己的创造来谈论。

在半英里之内，有两位林主，并且两人还具有相同的经历，那就是他们都拥有一片自己无能为力而强行生长的林地。我丝毫不会怀疑，在方圆半英里之内还有更多人有着与他们相同的经历。

但是对于上面所提到的林地，我的调查工作还没有完成。

几天以后，我对墙东边的小橡树林进行了更加仔细的考察，在这里，我不仅发现了15年前被砍下来的松树树桩，从树桩的年轮上得知，这片林地已经有40年的历史，而且最让我吃惊的是，橡树林中有大量的已经腐烂的橡树桩，它们以前就生长在这里，在五六十年前被砍掉了。就这样我区分出了三代树木，甚至可以说或是五代：第一代是五六十年前的老橡树；第二代是取代它们生长的松树，已经在15年前被砍掉了；第三代是松树，到现在已经有30年的历史了，它们生长在墙的西边，是由上一代树木的种子生长而来的；第四代是西边的小松树林；第五代就是生长在松树下的橡树苗。

POPULUS TREMULA

白杨

那些生长在松林间的树木，如像树、桦树、白杨、山胡桃树都在不断地讲述着它们的故事，那些颜色就给了你最好的证明，无须你再辛苦地穿过森林去检查树叶和树皮。

POPULUS TREMULA

我经常在树林中发现大量的树桩，它们被砍伐的时间大约是18世纪末和19世纪初，那个时期正是第三代树木的生长期。很明显，这些树木至少在白人到来之前就已经开始生长，在这个方面，我们甚至比地质学家更具有优势，我们不仅可以探测事件发生的顺序，同时还能够根据年轮来推测它们消失的时间，从它们的历史中进行研究。

我经常在年轻而广阔的橡树林中看见一棵又老又高的松树傲然挺立着，它是从曾经占领着一片土地的松林中幸存下来的。之所以会幸存下来，或许是因为主人的一些特别动机或者其他的原因。

有时候我在半英里以外能看见与橡林里那棵老松树同年的松树，它们中间地带同一时期的松树早在三四十年前就已经被砍掉了，它们的位置已经被橡树所取代。而远处那第二代的松树，尤其是并不属于这片橡树林主人的松树，比我们能够看到的还要小一代，它们主要来自那些已经取代橡树地位的松树的种子。在老祖父时代，橡树或者是松树绵延了0.75英里而传到现在。这两位林主的兴趣和需求都各不相同，使得树林的统一性就再也难以维持了，因此松树和橡树生长在一起，形成了一片混合林。

在这个季节中，每一片树叶都具有自己非常独特的色彩，大自然已经将历史清清楚楚地摆放在你的面前，或许我们也可以说，这是一本带有插图的书，我们从很远的地方就可以仔细地阅读它们。那些生长在松林间的树木，如像树、桦树、白杨、山胡桃树都在不断地讲述着它们的故事，那些颜色就给了你最好的证明，无须你再辛苦地穿过森林去检查树叶和树皮。

树林的历史常常是一段具有多重目的的历史，一段在大自然稳步持续发展过程中的历史，同时也是一段不断被林主干预的历史。那些林主对树林的处理方法并不是非常恰当，就像我说过的跟爱尔兰人赶马的方式一样，当穿过田野的时候，赶马的人会一直站在马的前面不断地抽打它。

年轻的常绿林是牛群的最爱，它们经常会大摇大摆地冲进去，并且在里面顶来顶去，将树木撞断或者是破坏掉它们，那个时候，树木甚至已经长到了 6～8 英尺的高度。我不知道这些牛群这样做的目的是什么，或许只是想要在树上擦一擦脑袋罢了。如果只是为了这个目的，那树林的硬度和密度看起来正好符合它们的要求。在经过牛群的简单修剪之后，树林中几百株树木几乎全部被折断，于是旁边的树林又会成为牛群下一个摧残的目标。

曾经有一头过路的奶牛从我家门前经过，它从院门进入我家的前院，立刻被我新栽的一棵金钟柏吸引到了，于是把自己的头对准这棵树准备冲过去。我见状立刻上前制止，但为时已晚，奶牛已经把这棵可怜的树撞断了，断掉的地方大约是在1英尺的高度。面对这样的情景，我认为这棵树已经没有再生长的希望了。但是恰恰相反，这棵树幸存了下来，那些树下小枝逐渐围绕中心竖了起来，最终生长为一棵非常茂盛的树，它的五六个分枝也形成了漂亮而整齐的锥形金钟柏。我的几个邻居也有几株金钟柏，他们按照常规的方法对树木进行修剪，但是结果却都不尽如人意。于是他们专门来问我，是怎样得到这样形状的树的。我告诉他，他们需要做的只是当牛群从门前经过的时候打开院门而已。五针松生长得瘦弱，因此是遭到牛群攻击最多的树木。

牛喜欢撞树仿佛已经成为一种非常普遍的现象。或许你会想它们一定是与松树有仇，其实它们依赖草场生存，因此所有入侵牧场的松树都会被它们看成敌人。当然，奶牛与松树之间的世仇不会一直存在下去。毫无疑问，牧场上大多数的大五针松接近地面的树枝都开始竖起来，看上去好像竖琴一样，但是却看不见一根竖直起来的主干，因为主干在很小的时候就已经遭遇了奶牛的袭击。

带翅的五针松种子在一些被人遗忘的山谷中飘浮着，这里是它们落脚的地方。几年之后，在这里的土地上，我们开始看见它们绿色的、可爱的身影点缀着整个山谷，从它们中间走过，让人感到非常惬意。

五针松是森林给那些需要植被的牧场送来的礼物，但是我发现对于这些上帝的礼物，林主们并没有太在意。林主们对于奶牛十分宽容，他们允许其撞断树木，这样树木大多数都难以存活。如果树木还没有长到林主身高一样的高度，林主们根本就不会注意到这是一棵树木。只有等到松树已经失去多年的生长机会之后，他们才会把它们围在篱笆中，防止牛群的侵害。等待树木成长到极为强壮茂盛，连林中的道路都无法展开，或者人们找不到车轴木的时候，林主们才开始正视这些树木，认识到松树可以用来获利。林主用这样的方式对待树木，然后惊讶地发现松树已经生长在那里，这并不会让人觉得奇怪。同时他们有时也会认为这些树木是从天而降的，因为他们并没有保护它们，反而做了很多清除它们的事情，这也不会让人觉得奇怪。

我看见很多牧场上的五针松和油松都在不断地扩展，而林主则时不时地通过林中的小路来显示自己的活力。我对我的树感到非常绝望，我是说我的，因为那个主人很明显地认为那些树不是他的。而牧场主人的工作进行得并不是很好，尽管仍然需要在林间开路，仍然有奶牛破坏树木，但许多田地逐年变得更绿，更像是森林，于是农民们最后只能放弃这场比赛，同时也发现自己已经成为林地的主人。

对于林地和牧场哪一个能够给林主带来更高的利润我并不确定,但我知道的是,如果将林地与牧场相结合,那一定是最不划算的。

我们的传统是在牧场上散播松树种子,又让牛群穿梭其中,并且以此作为与松树抗衡的力量,以防松树彻底将这片土地占领。于是林主们不断地在林地中开路,方便牛群更好地通行。经过15~20年的时间,虽然松树受着这样那样的创伤,但是仍然保持着越来越多的生长状况。当地上都是已经死去的树枝时,我们又突然扭转态度站向松树一边,不让牛群进入松林中,用鞭子抽打它们。我们设置篱笆阻挡牛的进入,不再允许它们在树上蹭头。这就是我们很多林主最真实的经历。英国人已经在非常努力地学习如何去创造一片森林,而这就是我们创造的模式。很明显,这种结果导致我们的林地和牧场都没有非常好的长势。

10月份的又一个下午,我去距离小镇更远一点的地方,那是去年冬天被砍掉的一处茂密的五针松林,现在已经长满了小橡树,我想看看它们的长势如何。我并没有有意地去研究林地的历史,但是这个事情却花费了我一些时间。

让我感到气愤又吃惊的是,我发现那些覆盖在松林上的小橡树全部被自称为林主的家伙烧光了,在这片土地上,他种上了冬季黑麦！很明显，他是想让橡树在一两年之后再生长起来，而他可以利用现在的时间收获黑麦。这是多么傻的想法呀！大自然已经做好了一切准备来面对各种意外，它让这些小橡树生长了很多年，而那些 6 岁的橡树也已经长出了纺锤形的根，它们坚挺地直立着，期待更多的阳光照射。这位林主自以为知道的很多，想先将一些实实在在的黑麦收获在手里以后，再考虑橡树生长的事情。因此他将全部的橡树都烧了，并且把地认认真真地耕过一遍。

事实上，他在松木上赚过钱，现在又希望通过黑麦再赚一笔，然后，就不再对土地进行干预，让大自然再次自行发展。贪婪并不会给人们带来好的结果，因为现在大自然的道路已经被阻断，无法再继续了，就好像橡树可以随时等待他的安排一样，又好像他似乎并不愿意立刻拥有一片自己的橡树林，心里期待着三四十年以后，这里会长出一片桦树林或者是松树林。

然而在一两年之后，他就放弃了之前的想法。现在这里已经是一片没有植被的荒地了，或许偶尔还会有几株存活下来的橡树苗，但是这里再也不可能生长出茂密的橡树林了，因为在它们之前，必须要有松树开道才行。或许风将松树或者桦树的种子吹到这里之后，它们还会发芽生长起来，但是这需要很长的时间，所以这块地就一直处于等待松树的阶段。

这位林主对于大自然的规律丝毫没有重视，对此，我感到非常气恼。然而他却自诩为企业家！他的所作所为并不妥当，需要一位监护人给予正确的指导才行。就让我们为他的灵魂虔诚地祈祷吧。

于是护林员被委派到我们这个镇上，对那些自以为是的农夫们进行最好的监督。

Chapter 2

野　果

在细芦笛上吹一曲乡村小调，
我确信我的歌必定会受到欢迎。

有的时候，很多公共讲演者会居高临下地谈论自己所谓的“小东西”，建议人们不要忽视它们，我觉得那是一种愚蠢的行为。他们并没有运用正确的方法来划分它们的大小，他们依靠的仅仅是一根10英尺的杆与自己的无知。依据他们的规律，一个小土豆就是一个小东西，而一个大土豆就是一个大东西。对于一个装满了东西的大桶或一块需要许多牛拖拉的奶酪、一次全国性的检阅、一架礼炮、一批哥伦布马、一头大公牛，或者是作为奥西恩诗人的布兰克先生，毫无疑问，任何人都不会认为它们是小东西的。一个马车轮子是大东西，一片雪花是小东西。闻名于世界的加利福尼亚巨树是大东西，而它的种子是小东西。

路过的人们几乎都不会去注意它的种子，同样也不会注意所有的种子，甚至是事物的起源。然而普林尼却说："在自然界，最渺小的事物往往是最卓越的。"大自然赋予了最小事物以优越的条件。

这个国家的一场关于政治的演说，不论是苏华德先生还是凯列布·顾辛发表的，都是大事，一线阳光却是小事。在国会议员身上挖走6英寸的肉，要比从他们的智慧与男子气概里挖走6英寸更能成为全国性的灾难。

我已经明白了，"教育"，不论其中蕴含着什么，其中的阅读、写作与算术都极为重要，但几乎所有的这类教育大事对我提及的演讲者们来说都是一桩小事。总而言之，他们不知道的、不关心的都是小事，于是，几乎任何一件美好而卓越的事在他们看来都是小事，让它稍稍变大一些的过程也是极其缓慢的。

当外壳与内核分离时，几乎所有的人都会偏向追随外壳这一方，向它致敬。在世界上，传播广泛的仅仅是基督教的外壳，而内核却是所有事物中最小的、最罕见的部分。不会有一座单独的教堂是因它而起的。遵循于最高的法则却被认为是渺小的表现。

曾经我通过观察发现，很多英国自然学家讲到自己的追求时，都会表现出一种可悲的习惯，就是将其看成一件小事或当作浪费时间，觉得这只不过是对更重要的事业与“更严肃的研究”的干扰，所以，他们必须要请求读者谅解自己，仿佛他们要费尽心思去让你相信他们将剩余的生命都贡献给了真正伟大而严肃的事业了一样。但巧合的是，我们从来都没有听说过这些。如果真的遇到了大型而重要的公益活动，我们一定可以知道，因此而能够断定的是，他们正在忙着英勇伟大的住房、吃饭、穿衣与保暖，所有这些事情的主要价值就是他们能够继续从事他们所提到的小研究。他们所谈到的“更严肃的研究”无非是如何维持收入。相对来说，他们称为最重要的追求与最严肃的研究，却是一些琐碎的事情，而且是在浪费生命。难道他们真的是因为愚蠢才不明白这个道理的吗？实质上这是虚伪。

而且可悲的是，所有的人已经依靠他们而得到了精神支柱。

我们大多数人与我们的土地有一定的联系，就像是海洋中的航海者与还未曾发现的小岛的关系一样。选择任何一个下午的时间我们都可以在那里发现一种之前从未见过的果实，它的美丽与甘甜让我们如此的惊讶。我在散步的时候，经常会发现一两种说不上来名字的浆果，似乎有无数未知的东西，这样的话，即使是无限，那又怎样呢？

当我遨游在未曾被探索过的康科德的海洋里时，很多山谷、洼地与树木茂密的山丘就成为我的斯兰岛屿上的安波亚那[①]。这些从东方与南方进口的一些出名的水果，如柠檬、橘子、香蕉与菠萝，在我们的市场上都有售卖，但却并不如没有人注意的野浆果更能吸引人的好奇心。这些浆果的美丽为我在野外的散步增添了一番乐趣，又或者是因为我发现它们属于户外的美味食物吧。在我的前院，种植了一些进口的灌木，它们的浆果非常美丽；而在我们四周的田野中，也长着不少不起眼但是同样美丽的浆果。

热带水果为那些居住在热带的人们而备，它们所具有的美味与甘甜是无法进口的。一经运至这里，它们就会引起那些在市场上闲逛的人们的注意。不是古巴橘子，而是附近牧场上鹿蹄草的果实让新英格兰孩子的眼睛与舌头变得愉悦。果实并不是因为其异域风情、大小，或者是营养成分来决定它的绝对价值的。

我们并不会用太多的时间去关注餐桌上的水果，这些水果是为权贵与美食家而备的。它们不会像野果那样，赋予我们想象的空间，相反地，它们会增进我对想象力的渴望。对我来说，

---

① 在圣·彼埃尔的《自然研究》中，外国地名被多次提到。斯兰岛是新几内亚以西印度尼西亚的摩鹿加群岛之一，安波亚那是该群岛的主要城市和商业中心。

11月散步时，将带着甜苦口味的白橡果咬在嘴里要比吃进口的菠萝更有意义。南方人热衷于他们的菠萝，而我们应该满足于我们的浆果。也就是说，橡果就是我们的菠萝，再加上其中添加了采集浆果的乐趣就更显得别有一番滋味了。与点缀于篱笆间的浆果相比较，所有进口至英国的橘子又算得了什么呢？人们可以轻而易举地取舍。可以问一下华兹华斯，也可以问一下任何一个知道的诗人，对他们来说什么是最为重要的。

这些野果所具有的价值，并不是单纯地用来占有，或者是吃掉，同样也可以用来观看与享受。“水果”这一词源就可以充分说明这一点。它来源于拉丁语 fructus，其中的含义为“供使用或享受的东西”。如果不是这样，那么，去采浆果与逛市场就几乎会遇到相同的经历了。你做事情的精神决定了你的经历是不是有趣，不论是打扫一间屋子还是去采摘郁金香花。毫无疑问，梨子可谓极为美丽而美味的水果，但是如果单纯只是为了送到市场上去卖而采摘它们，想一想，那几乎是没有什么乐趣可言的，而要是去采摘自己想要吃的越橘，那就不一样了。

曾有一个人，花了许多钱装备了一条船，然后派海员们去西印度，过了6个月或1年后，这条船满载着菠萝回来了。而今，若以投机为目标而没有别的探索，或者仅仅是为了他们自认为的成功旅行，我已经没有一点兴趣，这甚至不如与孩子们第一次去采摘越橘有趣，因为后者是将他们引入一个全新的世界，经历一场新发展，尽管他们带回家中的仅仅是在篮子里放着的1品脱浆果。我明白，报纸编辑与政客们的意见是完全相反的，他们会报告运来的其他水果与报出的价钱，但即使是那样也无法改变事实。我认为，孩子们采集到的水果要更好，因为这是一场可以满足他们成就感的探险。而编辑与政客们在其中强调的只是些没有起到任何作用的东西。

当然了，任何经验的价值都不可以用金钱来衡量，而应该取决于我们在其中得到启示。如果一个新英格兰孩子在与橘子和菠萝打交道时，相对于采越橘或者摘郁金香花要更具有发展空间，那么他自然而然地就会认为前者更有意义，这也是正确的，否则，就不是。我们主要在意的并不是投机者从远方进口水果，而是你亲自摘下来放到篮子里的果实，那是在远方的山丘上，或者洼地里，整整走了一个下午才采摘到的头季的果实，满载而归后还可以让自己的朋友享用一下。

一般来说，你获得的愈少，你就会愈加的幸福与富有。富人的儿子获得了椰果，穷人家的儿子则得到了山胡桃，可让人遗憾的是，富人的儿子却没有从椰果中获得精华，而穷人的儿子却从山胡桃中得到了精华。商业抓住的仅仅是水果最粗糙的部分——树皮与果壳，因为它的手过于笨拙。这一商业过程，其实就是投机者填满船舱、交税款，然后在商店出售东西。

其实，伟大的真实性便是，你不可以将极好的水果或其中的一部分进行商业化，换句话说，也就是你无法购买它们的最高使用与享受价值，你无法购买到亲手采摘它的人的经历和乐趣，甚至于，你也购买不了一个好的胃口。总而言之，你也许可以买到一个仆人或奴隶，但是却无法买到一个真正的朋友，事实本就如此。

大部分的人都会受到他人的感染。他们始终遵循着不变的道路前行，始终都会掉入他人设计好的陷阱或圈套中。许多年轻人都严肃地、专心致志地做着本职工作，无论是何种事业，那一定是值得人们尊敬的，而且也是非常伟大的，就如同人们对牧师与政治家的评价一样。这样说来，牧场上青翠的杜松子仅仅只是美丽的东西，它们对教会与国家又有什么用处呢？一些牛仔可能喜欢它们，其实，任何在乡村的人都非常喜欢它们，但它们却得不到社区的保护，任何一个人都可以将它们采摘下来。但如果作为商业货品的话，那么就要引起文明社会的关注了。我们可以代表人民的英国政府大厅问一下："杜松子可以用来干什么呢？"这时政府会回答："增添杜松子酒的味道。"我曾阅读过这样的内容，"每年，英国要从欧洲进口几百吨的杜松子"，以用来生产杜松子酒。"而这样的数量，"作者说，"都无法满足人们

ACORUS CALAMUS

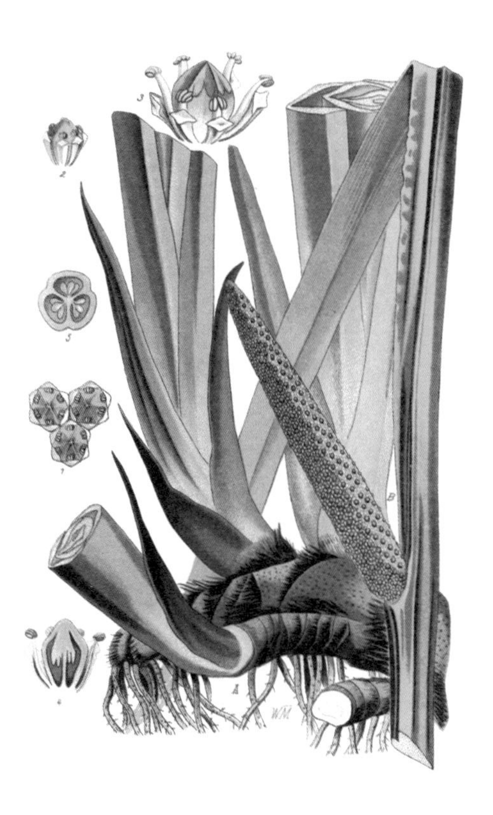

—— 水菖蒲 ——

在«草药史»中，杰拉德讲到了鞑靼人关于水菖蒲的记述：“他们崇尚水菖蒲根，他们只喝泡过水菖蒲根的水，这种水是他们日常的饮料。”

ACORUS CALAMUS

对于烈酒的巨大需求,或缺的部分需要由松香油来填补。”其实,这不是在使用,而是对杜松子的一种浪费。对于所有文明的政府来说,如果存在,那么他们永远都不会这样做。牛仔的见识都远超越于政府。这时,我们就要明确事物的差异,运用合理的方式称呼它们。

不要有这样一种错误的观念,觉得新英格兰的水果一无是处,而外国的水果却很高贵,让人难以忘怀。我们自己的水果,无论是哪一个品种,对我们来说,都是非常重要的。它们给了我们启发,让我们适应了当前的生活。野草莓要优于菠萝,野苹果超越于橘子,栗子与山胡桃也好过于椰果与杏仁。这里说到的不仅仅只是它们的味道,还有它们在我们受教育的过程中带来的启发。

如果你说到的只是味道的原因,我这里可以引用波斯国王居鲁士的一句名言进行阐述:“在同一片土地上,不可以既要生产品质优良的水果,又要诞生英勇的战士。”

我所提到的这些现象不能以我第一次观察到的顺序为依据。

5月10日以前,也就是榆树叶蕾开放之前,带翼的种子为柳树带来了一个多叶的外貌,就像是上面覆盖了小蛇麻草一样。它一定是乔木与灌木中最先结籽的,很多人都会在翼果坠落之前将它们错认为树叶，它们为我们的街道带来了最早的树荫。

大约是在同一时间，我们看见蒲公英结籽。它们生长于河岸边更阴凉潮湿的绿草丛中，到处都是。或许在蒲公英黄色花盘吸引我们的注意力之前，小孩子就已经在做他们自己喜欢的事情了，吹开蒲公英小小的多籽的球冠，试验一下，看看它们的妈妈是不是还要自己的孩子。让人觉得有趣的是，最早出现的茸毛种子球一直到了秋天都还可以经常看到。大自然工作起来远比人类更为坚定与迅速。6 月 4 日，大部分的蒲公英种子都飞到了河岸的草丛中生根了。你看，四面八方都充满了毛茸茸的小球，大概有 1000 个吧，而现在的孩子则会用它们易碎的茎干做手链。

到了 5 月 13 日，林子边上的柳树最早开始长出了 1～2 英尺长的嫩枝，在上面，还有 3 英寸长的就像虫子一样卷曲的柳絮。与榆树的果实相同，在柳叶还未引起人们的注意时它就已形成了显眼的绿荫，一些柳树也开始发芽了，吐出了茸毛，所以，它们是榆树后第二种播种的树木。

过了三四天，大草原柳树与我们柳树中最小的品种——沙柳也开始露出茸毛。一般情况下，与白蜡树与白杨相比，沙柳会生长在更高一些的干燥的土地上。沙柳一般都会在 6 月 7 日左右萌芽。

早在5月14日，人们就经常去河边采摘水菖蒲的叶芯食用，这时，就可以看到它们绿色的果实与花苞。一位老草药师杰拉德曾这样描述过它们："水菖蒲的花很长，就如同榛子树上的猫尾巴形状的花的样子。它毛茸茸的花朵与一般的芦苇花密度几乎相同，1.5英寸长，黄绿色，奇异多变，就像是用针穿着绿色与黄色的丝线钩织而成似的。"

到了5月25日的时候，就可以吃水菖蒲的花蕾了，那时，它们还未盛开，仍然是那么的柔弱，但是却可以帮助一位饥饿的路人填饱肚子。我经常会掉转船头去采它，这一过程还需要穿过最近刚刚冒出水面的密实的水菖蒲床。这种植物最底端、最中心的嫩叶是最美味的，孩子们是熟知这一点的。他们与麝鼠一样都喜欢吃它。到了6月初，我甚至在一两英里外就可以看到孩子们去采它们，回来时带了很多捆，这样，他们在闲暇的时候就可以吃这些嫩叶了。直至6月中旬以后，水菖蒲便开始结籽，不适合再吃了。

春天的时候，首次闻到水菖蒲的那股清香之气，是一件多么让人愉悦与吃惊的事。水菖蒲一定是从湿润的土地里吸收了很多年这样的味道了！

在《草药史》中，杰拉德讲到了鞑靼人关于水菖蒲的记述："他们崇尚水菖蒲根，他们只喝泡过水菖蒲根的水，这种水是他们日常的饮料。”

约翰·理查德爵士在其著作里也告诉我们说，“克里族人将这种植物叫作‘麝鼠的食物’”，而北美印第安人则用这种植物来医治疝气：“将一小粒豌豆大小的根放于火边或太阳下烤干，就成为治疗成年人疝气的良药了。如果应用到孩子的身上，就应将根部弄成碎屑，然后与水一起吞服。”几乎每个人小的时候都抱怨过吃这样的药，尽管吃药的时候经常会将糖放在里边，不过克里族人的小孩没有糖。印第安人也许是使用这种药历史最长的人了。这样，我们就开始过夏季了，就像麝鼠一样。水菖蒲属于绿色食物，是我们与麝鼠餐桌上的首道菜。同时，我们也在寻找着蒲公英，在这一点上，我们与麝鼠都是共同的。

5月20日左右，我看到第一批鼠耳草开始结籽了，它的种子与矢车菊一道被风吹过牧场，将草染成白色，有的甚至漂浮在水面上。与我们寻找它们最早的花朵相比，它们会飘得更高一些。就像杰拉德讲到鼠耳草的英国同类时所提到的：“这些植物生长于阳光充足的沙岸上，还有的生长在无人注意到的地方。”

早在5月28日，我首次看到白枫的翅果漂在水面上。杰拉德对欧洲山地“大枫树”种子的评论也适用于白枫。在描述了它的花朵之后，他说：“它在开花之后便结出了长长的果实，一对对地结在上面，头顶着头。在结合的地方果壳破裂开来，其他地方则又平又薄，就像羊皮纸一样，或者像极了蝗虫最里面的那层翅膀。”

在5月20日左右，与白枫形状相似但要大一些的绿色翅果变得引人注意。它们大概有2英寸长、半英寸宽，翅翼的内边缘处呈波浪状，就像是准备离开种子的绿色飞蛾。直至6月6日，它们当中有一半都掉了下来，我观察到，它们落下来的时间大概都是在大皇蛾出茧之时，有的时候是在早上，你会发现它们夹杂在河面上的皇蛾中。

红枫翅果的体积几乎只有白枫翅果的一半，但与它相比则要漂亮许多倍。我注意到这些小果实在5月初时就已经形成了，而有的树还开了花。当翅果长大的时候，枫树尖就会变成棕红色，差不多是与桦树一样红的颜色。到了5月中旬，长在洼地边上的红枫树果实差不多已经成熟了，这便形成了一道美丽的风景线，特别是在适宜的阳光下观察的时候，映衬得比开花的时候还要有趣。

此时此刻，我站在洼地中间的小土墩上，离脚下几杆远处有一株小红枫，我借助于阳光观察到了它的侧面。翅果有很深的颜色，深红中映出粉红，垂下来3英寸多。这些成对的翅果连着果梗在向下弯曲前都会显得那么优雅，而一旦到了果实稍微深一点的阴影中，就会显得那么不均匀，散落在枝头，在风中飘摇。

就像美洲的棣棠花，这么漂亮的果实几乎总是挂在光秃秃的树干上，它们比树叶萌芽要早得多。6月1日时，它们已成熟了，颜色由原来的深红变为粉红。大约到了6月7日时，果实散落了。到6月1日为止，大部分的树木都开花了，结出了果实。青色的浆果也开始引起了人们的注意。

草莓属于最早成熟并且可食用的果实。我在6月3日的时候就开始寻找它们了，但一般情况下，它们会在大约6月10日或人工培育的草莓上市之前成熟。到了6月末时，它们就变得极为茂盛了。草地上的草莓要晚一个星期成熟，所以，它们的果实直至7月底还挂在茎上。

即使是在大部分的时间里都忙于农活的老塔塞，也会继续唱着他《九月》的家常小曲：

太太来到花园，为我划了一片地，
上面拥有草莓根，还有最好的果实。
位于森林的荆棘中间，它们还生长得那么繁茂，
经过精心挑选，那些多刺的草莓会更美味。[①]

在1599年之前，老草药师杰拉德为我们写下了英国草莓的

① 这里选取的是托马斯·塔塞诗歌《九月管理》中的一段。

这一生动画面，与我们的小镇完全符合。他说：

草莓的叶子在地上伸开，它的边缘呈锯齿状。一根细叶柄上有三片叶子，就像三叶草那样，叶面颜色为绿色，反面则略白一些。从它们中间长出细小的茎，茎上面还长着小花，还包括五片小白叶，中间的一部分有些黄。在这下面是果实，与桑葚相似，或者更像是覆盆子。果实的颜色为红色，吃起来特别像红酒的味道。果肉多汁，是白色的，果肉里还带着小种子。草莓密而多须，向远处扩散着，极其繁茂。

讲到果实，杰拉德接着说：“它们的营养成分一点也不高，水分也很多。就算是它们被肠胃吸收之后，也没有什么营养。”①

5 月 30 日，或许是在小山干燥光秃的南坡上，或许是在树丛间的空隙处散步时，我看到草莓已经结出了绿色的果实。我站在山顶最有利的位置进行观察，发现了正在变红的果子，在最干燥与最阳光的地方有两三个我可以勉强称之为成熟的浆果，尽管大部分的果实都是向阳的一面红了。我在铁路堤岸的沙地上和在草地沟渠冲出来的沙子上也发现了一些半熟的草莓。它们处于这些红色的矮树叶之间，开始很难发现，就仿佛是大自然

① 节选自《草药史》。

在故意隐藏这些果实一样，特别是在你不经意时。这种植物那样的低矮，就像是一张还未引人注意的地毯一样。除了沼泽酸果，吃的时候是需要先煮熟的，没有什么可吃的野果会像这些最早成熟的高地草莓一样，长得离地面那么近。因此，维吉尔会恰如其分地称草莓是“长在地上的草莓”。

还有什么会比这小水果更适宜我们的味觉呢！我们不必对它如此关注，夏初时，它们就从地里生长出来，那么美味，那么漂亮！我匆忙地摘下并且品尝了今年最早成熟的水果，尽管它们的背部还有些青绿色，还有点酸。因为在距离地面非常低的地方有点沙子，所以我还品尝到了一点带着草莓风味的泥土，吃了之后，我的嘴唇与手上都被染红了。

第二天，在与昨天几乎相同的地方，我采摘了两三捧已经成熟了的草莓，我甘愿将它们称为成熟的了。最大、最甜的果实挂在了沙地上的藤蔓间。同时，我也第一次闻到，甚至是尝到了里面虫子（属于椿象的一种）的味道，它们的味道与我们家里一些虫子的味道几乎没有区别。因此，我们进入了草莓的旺季。就像你所说的那样，这虫子“必须飞到一种水果上”才能散发出它独具特色的气味。这些虫子就像是马槽里的狗一样，将你满嘴的美味都毁掉了。这家伙究竟是依靠什么才找到这第一丛草莓的呢？这真是太神奇了！

你可以在任何一处适宜的地方找到成熟最早的草莓，或许是在小山丘的一侧，或者是在那几年被奶牛爬过的小沙沟以及附近。那个时候，奶牛是第一次到牧场去争夺领头的地位。有的时候，草莓会因为它们最近的争斗而带着泥土。

在春天，我经常会闻到一种无法用言语来形容的甜香，但却没有办法找到它的来源。或许，这就是古人所说的土地的甜味吧。尽管我还未曾发现散发出这种香味的花，但也许这种味道是由它结出的果实发出来的。经过大地的孕育之后，最早结出的水果应该吐出春天的气息，这是再自然不过的了。换句话说，这种水果应当拥有春天香气的精华，这里的空气中到处都是这种味道。草莓是天赐的美味，芳香依旧！每一种水果的汁液不也正是从空气中萃取各自的甜美吗？

草莓是一种以芳香和甜美闻名的水果，据说，它的拉丁名也来自于此。它所散发出的香味与鹿蹄草并无两样，属于非常流行的一种。有些常绿植物的小树枝，尤其是杉树的香脂，闻上去与草莓的味道相似极了。

只有百分之一的人知道究竟要到哪里才能找到像这样早熟的草莓，就像是一种通过了神秘的传统才得到的印第安人的知识似的。我明白，到底是什么在这个周六早上召唤着那个学徒。他穿过我身边这条小道，然后到达了山坡上。无论是在哪个工厂或屋里睡觉，他一定都会在第一批草莓成熟的第一时间出现在它的身旁，就如同我刚刚提及的在家中有味的小虫子一样，尽管在一年其他所有的时间里它们都隐藏着。这是那个学徒所具备的本能，但其他的人都还没有想过这些事。我们的野草莓在被人们知晓之前，就已经来去匆匆了。

不太想要花园里、市场上篮子或盒子里装着的草莓，它们都是由你的勤劳的邻居培育与售卖的。我最感兴趣的还是干旱的山坡上一片片自然生长的草莓，尽管一开始我可能只会得到一捧，但是，有的时候，果子也会将地染红，点缀着原本贫瘠的土地。这里，没有受雇的园丁来为它们拔草、浇水与施肥。现如今，这些果实占据着12英尺的草皮，属于那块土地上生长最茂盛的植物了。但除非这个时候从天而降一场大雨，否则这些草莓在短时间里就会枯死。

有时，我在没有预料的环境中品尝了野生的草莓。在河上泛舟时，我被一场雷雨洗劫了，于是，我将船停在了岸边，在那里，有一个坚实的斜坡。我将船翻过来，躲在下面，以防被雨水淋到。就这样，我与大地整整接触了1个小时，这时的我也是那么的幸运，发现了大地究竟会生产什么。雨一停，我就立马爬出来，伸伸腿，之后又在距离我有1杆远的草莓丛中绊倒了，地上的草皮也被染红了，我采集到了这些草莓，再看上面最后的水珠也稀稀疏疏地滴落着。

6月中旬过后，天气变得干燥而阴沉。我们正处于薄雾当中，这样的生活环境实在令人不快，离天堂很远。即使小鸟的叫声，也丝毫没有活力。希望的季节已离我们而去，但小水果的季节已经到来了。我们带着一丝忧伤，因为看到了希望与现实之间的空隙。阴霾将天堂的美景都带去了，留给我们的仅仅是一点点小浆果。

我在萌芽林发现了一些大而茂盛的草莓地，但是，它们似乎只顾着长叶，果实结得很小。在旱季来临之际，它们主要长叶子。正是那些更早更强壮的长在干燥的高地上的草莓，在旱季来临之前结出了第一批果实。

同时，你还会在很多草地上找到还未结出果实的草莓丛，但有些草地上却既有叶子也有果实，一丛丛生长得那么茂盛。进入6月时，在这些肥沃的草地上生长的草莓已经成熟了，这便引来了人们，他们会踩着草丛寻找这些草莓。看表面，什么都不会发现，但若将上面高高的草拨开，你就会发现它们深深地躺在根部的小洞室里，处于阴凉的地方，如果换一个地方的话，它们早就已经枯死了。

一般情况下，我们只是品尝一口在附近可以采摘到的草莓，便带着红而香的手指继续赶路，但残留的红色汁液与香气会留到第二年春天。从附近经过的人,在一年里如果可以得到两三捧草莓就已经非常好了。路人也非常想用绿草莓与叶子来做一种沙拉,但他还记得熟草莓的滋味呢。在内陆的几个州,草莓产量并不突出,因为它们适宜于阴凉地区。据说,草莓原产于阿尔卑斯山与高卢森林,但希腊人对草莓却一无所知。我在离这里有 1 英里的新罕布什尔州的路边曾发现过很多草莓,它们有的长在草丛中,有的长在刚刚被清理过的山坡上的树桩附近。你几乎都无法相信是什么样的活力,让它们在那里生长与结果。一般来说,草莓生长在鲑鱼潜伏的河流附近,因为它们也喜欢同样的空气与水分。而在新罕布什尔州扎营的游人则可以经常得到草莓与鲑鱼。了解这里的人对我说,在班戈市附近,草莓生长于至膝深的草丛中,天气炎热时,根本就看不到它们的影子,但却可以闻到它们的味道。在山上,除了采集草莓,你还可以远眺 15 英里之外的佩诺布斯科特河及河上的无数双桅白帆船。这里的银勺子与碟子数量极其少,但其他东西都很丰富,人们会将无数的草莓倒至奶锅,再加入奶油与糖,一个人拿着一把大勺子围坐在桌边。

赫恩在《北海之旅》中谈道:"草莓被印第安人称为 Oteagh-minick,因为其与心脏很像。它与其他体积大、味道又好的水果，都可以在北部丘吉尔河那么远的地方找到。”[①]特别是在那些烧过荒的地方。根据约翰·富兰克林爵士的说法，克里族人将其称之为Oteimeena，坦纳(Tanner)则说[②]，齐普威人将其称之为O-da-e-min，很明显，二者是同一个字，意思也相同。坦纳说，齐普威人经常会梦想去另一个世界，但若是有人看到了“死魂灵在路上吃的大草莓”时，想用勺子去分一块，这时，草莓就变成了石头，也就是苏比利尔湖边经常会看见的松软的红色砂岩。达科他人将6月称为“草莓变红的月份”。

根据1633年威廉姆·伍德出版的《新英格兰前景》分析，在经过人工培育而导致草莓枯竭之前，这一带的草莓很多，个头也大。他还说：“有些草莓的直径为2英寸，利用一上午的时间就可以采到半蒲式耳。”

在乡间，它们是第一批变红的，那种颜色似朝霞。它们生长在神圣的土地上，美味而又不平凡。

罗杰·威廉姆在《钥匙》里写道：“英格兰最重要的医生会说，上帝从未创造过如此优质的浆果。在一些印第安人曾种植过的地方，很多次我都会看到足够装满一条船的浆果，然而，它

---

① 出自塞缪尔·赫恩的《北海之旅》。

② 出自约翰·坦纳的《约翰·坦纳囚禁和探险故事，在印第安人营中三十年》。

们却只生长在距离这里几英里内的地方。印第安人会将它们放在钵中捣烂，与肉混在一起，做成草莓面包，很多天都不去吃其他的食物。”

1664年，布歇出版的《新法兰西历史》提到，这片土地上到处都是多得惊人的悬钩子与草莓。罗斯克尔在《北美印第安人传教史》(1794年)中写，据说“草莓的个头大，又多，整个平原都被它们覆盖着，就像在上面铺了一张猩红色的布”。到1808年时，南方人彼得斯给费城的一个组织写信，信中证实了弗吉尼亚有一片约800英亩的森林，上世纪(1808年的上世纪，即18世纪)，这里就好像被烧过了，之后才长满了草莓。他还说：“在老邻居房子的周围生长的植物相当茂盛，大部分是草莓。他们说，草莓全部成熟时，人在很远的地方都可以闻到。有些人描述说，当植物盛开之时，花朵十分灿烂，占地又广。若这个事实没有经过充分的证明，听上去简直就像虚构的一样。这是大自然的盛装，其中还有数不清的蜜蜂在忙忙碌碌，在花儿与果实之间飞着，唱着，远处是起伏的群山，这些形成了一幅充满了诗意的田园风景，如此美丽！”

新罕布什尔州的历史学家对我们说：“现在的草莓数量已经变少了，那时的土地才刚刚被开垦。”实质上，附近的草莓和土地的精华已不复存在。而我们曾经施过肥的田野里，永远都无法给予草莓拉丁名那种难以形容的香味了。若我们再想要体会那种浓郁的香味的话，也许只能幻想将草莓的种子播撒到阿森伯恩大草原，据说，它们可以染红牛马的蹄子。要不然就去拉普兰，就像书中介绍的那样：在低矮的房屋上的灰色岩石上，“野草莓在闪着红晕，它们生长在拉普兰的四周，多到污染了驯鹿的蹄子与行人雪橇的地步。再看它们的花，是如此的娇嫩，简直无法比拟，就连沙皇也会派人去采摘它们，再经过长途跋涉而运至夏宫。”在拉普兰的晨光中，不要对太阳抱有太大的期望，希望它的力量可以将草莓映红，更不必说会让它成熟了！请不要再叫它那刻薄的名字“草莓”了，因为在爱尔兰，或者是英格兰，它们也将根茎伸至花园。而对于拉普兰人，或者是齐普威人来说，那就另当别论了，最好叫它的印第安名字“心莓”，因为它实在像一颗红心。夏初时，我们吃着它，好像一年里都会让我们变得勇敢，就像大自然那样。

你在 11 月份的偶然间，可以找到晚熟的第二季草莓，它们带着晚霞的红晕，与朝霞的红晕相映，有无限的乐趣。

野生草莓从 6 月 25 日开始成熟，一直会持续到 8 月，大约在 8 月 15 日便达到了极盛。

在一些较大而茂盛的灌木丛中，我们看到了那些淡红色的浆果。我们沿着这条蜿蜒的路前行着，偶尔会经过由草莓形成的一小片树丛，从中摘起那还带着雨水的果实。这让我们十分惊讶，它让我们想到了时间的流逝。

草莓对我而言，似乎是最朴实，也是最单纯、最轻灵的水果之一了。有一种是欧洲品种，名为“我梦想”。它生长在附近开阔的洼地里，在山顶上也有，但山顶上的草莓结不了太多的果实。在潮湿的夏季，就像在1859—1860年似的，在附近生长的黑树莓结的果特别多，采下来还可以作为餐桌上的水果。

就如同草莓一样，它也喜欢新的地方，也喜欢刚被烧过或清理过的土地，因为那里的土壤相对潮湿。在以前，像这样的草莓特别的多。

英国的植物学家林德利曾说：“在我的面前有三丛黑树莓，它们的种子来源于一位埋在地下30英尺的人的胃里，那时的他已成了尸骨。他与哈德良皇帝的一些钱币埋葬在了一起，所以，种子的历史也非常悠久了，有1600～1700年。”而这段描述是否真实，是让人怀疑的。

9月中旬，我还可以看到洼地里生长着少数的黑树莓。我曾听说过，在晚秋时的一些地方，人们发现了第二茬莓子。

普林尼观察了欧洲品种的莓子到最后是怎样果实低垂，并且从底部生出根来，以此来占据还未经人耕作的所有土地。这之后，他说，“人类就像与生俱来照料大地似的”，“一种最有害和

VACCINIUM MYRRTILLUS

——— 欧洲越橘（蓝莓）———

它的花有一种宜人、甜美、将要结果的香气，摘上一把放在嘴里，尝到了微酸，这会适合一些人的口味。这种果实的味道很凉爽，有清新与轻微的酸味。

VACCINIUM MYRRTILLUS

可恶的植物已教会了我们如何通过压条与插枝进行繁殖了”。

6月28日时，我看到了成熟的桑葚，直至7月26日还可以看到一些。我看到在田里有一两棵桑葚树，这也许是经过人工培育繁殖的。普林尼曾这样讲桑葚树：“它们是最晚开花的，但却最先结出成熟的果实。一经成熟，它们的汁液会把手染成红色；若口味是酸的桑葚，则有去除污渍的功效。对于这种树来说，人工培植的技艺可以影响到水果的大小，但在其他方面的作用则是非常小的，无论是在它的名字上（虽然它同时有多个名字），还是在嫁接的方式上，或是在采用其他的任何方式上。”迄今为止，这话依然是正确的。

最早的草莓、黑树莓与香莓都是从7月初开始一起成熟的。

香莓成熟的时间是6月28日，持续到7月，至7月15日左右最为繁盛。我6月19日就注意到这种绿色的果实了。它们会沿着墙边生长，在那里割草的人会将每株香莓尖上的果实都采摘下来。

这属于一种家常浆果，最实在了，品尝时并没有多少香味，但却强壮结实。小的时候，我曾沿着墙边寻找它们，与小鸟比赛，玩得不亦乐乎。若采摘到了大大的黑香莓，还有正在变黑的香莓，我便将它们用牧草杆串起来。若没有带盘子，这便是将它们带回家的最佳方法了。

一般情况下，香莓会在7月中旬干枯；晚的时候，在10月8日，我还曾见过第二季成熟的大香莓，还有一些半熟的。在这之前，曾持续下了6周的大雨。

10天后高树蓝莓（又称洼地蓝莓，或者越橘）成熟了。这里，我们有两个普通的品种，分别是蓝色与黑色的。黑色的这种并不常见，很小，无花，口味更酸，比蓝色的要早熟一两天，它与香莓成熟的时间一样早。这两种莓的成熟期都可以从6月份一直持续至9月份。我在5月30日注意到了绿色的浆果，7月1日至5日，我开始看到几个已经成熟了的蓝莓。8月1日至5日是它们最为繁盛的时节。

据说，远至纽芬兰与魁北克地区，都可以找到它们。它们生长在洼地里，若洼地过湿的话，便会生长在它的周围，它们也生长在池塘边，偶尔，还可以在山坡上看见它们。蓝莓喜水，因此，它也可以生长在边缘陡峭的湖边，如瓦尔登湖与鹅湖；尽管这样，它的生长范围也仅限于湖岸线。在水位很高的地方，它的果实品质才是极好的。若在山谷之间看到了这些灌木丛，就像是风箱果，或者是其他的一些灌木丛，你便可以确定你已经下降至水平面了。若林子中的地面已经陷到一定的程度了，地下水涌出或者达到相当高的湿度时，泥炭藓与其他的水生植物便会生长出来。假若没有人类的干预，一片浓密的高树蓝莓丛便会弯弯曲曲地生长出来，或许还会穿过树林，不管它是仅有1杆宽的山谷还是100英亩的洼地。

蓝莓属于洼地上极为普通的强壮灌木了，当我穿行矮树林做调查时，无奈之下，我需要将它们中的很多部分都砍倒。当我在前方发现它们密集的弧形身影时，我就知道，在我的脚下已经是湿的了。它的花有一种宜人、甜美、将要结果的香气，摘上一把放在嘴里，尝到了微酸，这会适合一些人的口味。这种果实的味道很凉爽，有清新与轻微的酸味。而植物学家珀什谈到它时，便说："黑色浆果，味道一般。"在德·阿伦贝尔公爵的花园中，听人说"它被种植在泥炭土边上，为的是让它的味道能够像蔓越橘那样"，他们弄清楚了它的优点，但却花费了很长的时间。偶然间，我也发现了非常苦的蓝莓，简直难以下咽。它们的个头、颜色与味道都不一样，我则更喜欢个头大一点、味道酸一点的蓝莓，上面还带着花。对于我来说，它们代表着洼地的精华与气味。当它们又大又茂密地低垂在枝头的时候，确实是很少见的美丽景色。

有些草莓稀疏地生长在新生的树丛中，果实直径在半英寸以上，几乎与蔓越橘的大小相同。我都不知道自己爬了多少次蓝莓树，采摘了多少果实了。

洼地的诱人之处不仅仅如此。每年，我们都要前往这些圣地进行朝拜，尽管有山茱萸与越橘的阻隔。高英家、贝克·斯托家、查尔斯·迈尔斯家与戴蒙·梅多斯家，还有其他一些人也都要前往。我们已经听说了，在林地中隐藏着很多禁区，但只有极少一部分人知道。

在我的记忆中，几年前我穿过大田东边茂密的橡树林，接着来到了一块狭窄而崎岖的长满蓝莓的洼地，在这之前我并不知道它的存在。树林中有一块深而下陷的草地，当中长满了3英尺高的随风摇摆的绿莎草，还生长着低矮的马醉木与绣线菊。尽管下面还有不知道深度的泥潭，那个时候还可以走过去，但在仲夏与隆冬季节时却无法通行了，我也看到了经过这里的动物与人类的脚印。在这片草地的上空，沼泽鹰在坦然地盘旋着，也许它的巢就在这里吧，因为它的大部分时间都盘旋在这里，它应该早已知道这块地了。洼地里点缀着蓝莓丛，在其周围也密密麻麻地生长着一圈蓝莓，还有马醉木与高大的稠李；还生长着野冬青，与美丽的红色果实结合在一起；在它们身后，便是相对较高的树木。大蓝莓的大小如同旧式子弹一般，它们与深红的冬青果、黑稠李间隔着，相互映衬，显得那么和谐。你几乎都不知道自己为什么会采摘蓝莓来吃，却将其他的水果留给鸟儿。

我开始从这片草地出发，朝南边进入一条还不到1英寸宽的小道，我俯下身贴着地行走，背包不断地碰掉树上的浆果。我来到了另一片更大的洼地或草地，看上去与上一片的特点类似，就像是双胞胎草地一样。

这里被林木所围绕，只有到了冬季草木凋零时，你才会在附近的一些地方转一转。在蓝莓地的边缘，你会很惊讶地发现，这里是如此的幽静、奇异，仿佛与你经常走的路相差千里，就像是波斯与康科德的距离一样。

胆子小的人就只能在陆地上行走了，那样，他们获得的蓝莓也相对较少，而对于那些喜欢冒险的人来说，穿行在灌木丛连绵的开阔的洼地里，再涉水走过水生马醉木与泥炭藓，1 杆之内的水面都被震荡起来了，脚也被猪笼草弄湿了，然后来到从未有人去过的大片的低垂树丛处，再没有任何一个地方会超越于这蓝莓洼地边缘的视角了，这里，你可以看到最有野趣，也最为丰富的景色，有数不清的浆果混在这里。

不仅如此，还有查尔斯·迈尔斯洼地。那个地方不仅有浆果，还可以看到美丽的景色。在云杉的环绕下，冰凉的蓝莓高高地悬挂在你的头顶上，具有野趣，而且也为这里增添了美丽的景象。在我的记忆中，几年前在那片洼地采过蓝莓，那是在洼地刚开始被改造之前。在洼地深处，尽管还未看到迈尔斯家的房子，但却可以听到低音古提琴颤动的琴弦声，因为那个时候著名演奏员迈尔斯正在安息日为合唱团伴奏呢。那些琴声“触动着我颤抖的耳朵”，让我想起了那些尊贵的老时光，我站在这里，仿佛不再是“人间的土地”。[1]

这样的话，在任何一个夏天，当上午看完了书或写完了东西之后，到了下午，就可以漫步在这些田地与树林里了。假如你还有兴致的话，那么就可以到那些处于世外且无人问津的洼地，去寻找那些正在等待着你的又大又好的蓝莓了，真是取之不尽。这里是属于你的真正的花园。正像在查尔斯·迈尔斯家的洼地那样，你强行穿过高于你头部的稠李灌木，或许可以看到生长在低处的叶子几乎都已经变为红色，在小桦树的映衬下显得更加单薄。覆盆子与高高低低的马醉木，还有常绿洼地黑莓，形成了大片平坦而又茂密的灌木丛，偶然间，你还会在这片灌木迷宫中遇到一个清凉的出口，那里长着一两丛高大的墨绿色高树蓝莓灌木，上面还点缀着冰凉的大浆果。它们高高悬挂在你的头顶，躲在了洼地的阴影处，这样就可以持久地保持新鲜与凉爽。蓝色的小袋子充满了花蜜与鲜果的混合物，咬一口就会立刻绽开。这个时候，我不由自主地会想起杰拉德所说的话，欧洲的越橘“在荷兰被称为 Crackebesien，因为它们在牙齿之间会裂开，同时还伴随着一声脆响”。

---

① 引自约翰·弥尔顿的《失乐园》。

在一些大片的洼地里几乎只有大丛蓝莓生长，它们的枝头向前延伸着，与无数条蜿蜒的小路混在一起。再看它们的根部，却是分开着的，就像是无指向的完美迷宫一样。这时，就需要借助太阳来辨别方向了。这些小路仅仅方便兔子穿行，如果你要在中间行走，那肯定具有一定难度，需要低低地俯下身子，跨过一个又一个草丛，这样也可以防止身上被打湿。有的时候，同伴铁桶的响声也可以为我们指明方向。

灰色的蓝莓丛十分庄严，就像橡树一样，它们的果实为什么没有毒性呢？我曾经采过越橘类果实，其中它的味道是最独特的。就像是你吃了一个有毒的浆果一样，是你的本性将毒性溶解了。我在其中也体会到了乐趣，就像是吃海芋果与毒水芹一样，仿佛我自己是万应解毒剂似的，任何浆果的毒素对我都没有办法。

有的时候，早在8月，那些小绿浆果享受到了充沛的雨水，就会变得膨胀，继而成熟起来。往常，它们只有少数的会成熟，为此，它们实现了春天的诺言，取得了累累硕果。甚至，你在两周之前去还会觉得让人失望的洼地，也会有这样的变化，没有人会相信你已看到变化如此之大的景色。

就是这样，蓝莓在几周的时间里都挂在枝头，一簇簇非常茂密，五六个浆果一簇，相互依靠着，有黑色的、蓝色的、蓝黑色的。

但是，我们对于它们味道的热切盼望往往会阻碍我们欣赏它们的美丽，而我们却比较喜欢冬青果的颜色，冬青果生长在蓝莓的附近。若蓝莓有毒，那么，我们听得更多的便是它们的美丽。

直到9月份，蓝莓仍然挂在树上。9月15日那天，瓦尔登湖的水位很高，我发现有十分新鲜的高树蓝莓悬挂在湖南面，聚集在一起，成了一堆。它们中间有一些绿色的还未成熟的果实。这时在洼地里的蓝莓已经枯萎干瘪了。一般情况下，在8月中旬，它们就开始慢慢凋萎了，尽管它们有的时候也许还相当肥硕，但却没有之前那么鲜美奇异的口味了，变得平淡无味。

有的时候，我会在两三英尺高的地方看到很多椭圆的大黑莓，上面开的花极少，叶子也相对较窄，还有明显的花萼，看上去像是介于蓝莓和陆地蓝莓，或者是矮树蓝莓之间的一个品种。

附近许多洼地因为蓝莓而被认为是极其有价值的，因为盛产蓝莓。人们不断地将其变为自己的私人财产，我听说有人烧掉了蓝莓丛，之后被判赔偿损失的事情。我坚信，用这些蓝莓浆果制成的最独特的美味食物非“蓝莓芯”莫属了，这是一种布丁，带着不一般的外皮，环绕在蓝莓周围。同样的制作方法也可以应用于黑莓。

当蓝莓树叶掉落时，它们就变成瘦弱的、灰色的、毫无生机的树丛了，最老的树丛也具有十分庄严的外表。事实上，它们的年纪比你想象中的还要大。因为它们生长在洼地与池塘的边缘，还有洼地里的小岛上，经常躲避掉被砍伐的命运，所以，它们的年龄才会比其他树木要大。在鹅湖附近生长着许多蓝莓丛，环绕在湖边，占有三四英尺宽的一长条土地。它们生长在陡峭的山崖与池塘之间，为此而躲避了被砍伐的命运。这就是它们在那里所有的领地了，没有哪一棵蓝莓的生长会高于或者低于这条边界。它们被当作池塘的眼睫毛，带着所有年老的外形，颜色发灰，覆盖着苔藓，通常都弯曲着，与附近的植物缠绕在一起，以至于当你砍伐完一根往外抽时，要费一番力气了。

冬天的时候，观察它最好的方式就是站在冰面上。这个时候它们几乎都垂在冰上，上面还覆盖着很多的白雪，在它们的附近，也有很多健壮的新生枝条，竖直地向上生长着，就像是挺拔的年轻人为了家族的延续而注定要守护他们驼背的父亲一样。它们有灰色与平坦的麟状树皮，裂成了长条的、紧紧相连的苞片，里面的一层树皮则已经变成了暗红色。

我发现很多类似的树丛的年龄几乎是人的年龄的一半。有一处底部周长为805英寸的树，我准确地数出了它的年轮，足足有42圈。我来到另外一棵树旁，砍下了一截4英尺长的笔直的圆木棒，小的一端的周长是605英寸，木料沉重而紧密，但没有人能告诉我它属于哪一个品种。

我曾经在弗林特湖的一座名为檫木的岛上见过最大最美的蓝莓树。事实上，它已长成了一棵小树，或者是一丛小树林，大约有10英尺高，向两处延伸也有10英尺多，生长茂盛而有活力。在地面的6英寸处，树干分出了5个枝杈，在3英尺高的地方再分别进行测量，这5个枝杈的周长分别为11、11.5、11、8和6.5英寸，平均周长为9.6英寸。在靠近地面的地方，它形成了自己坚实的树干，周长为31英寸，直径近10英寸。但也许是它们在那个地方长在了一起，看上去甚至像是从同一粒浆果中的不同种子里长出来的。通常，树干会呈半螺旋式盘旋向上生长，稍稍张开一点，有时一根树枝又搭在了旁边的枝干上。在有细微裂纹的暗红色的树皮上，局部地覆盖着大片黄色与灰色的苔藓，其中以硫黄苔藓与岩苔藓居多。蓝莓下面的土地也为红色。蓝莓树丛的树顶宽阔，稍微有些平坦，或者是呈伞形，其中包含有很多的小枝。和下面开阔的地方进行比较，就是在冬天的时候，在天空的陪衬下，蓝莓树丛也显得那么密实与幽暗。猫鹊经常将自己的巢筑在这些树的顶端，黑蛇也喜欢在这里休息，它们可能是为了看这些年轻的鸟吧。从我数的年轮断定，最大的树龄大约也有50年了。

我爬到了这棵树上，找了一个自己觉得舒适的位置，这时，我的脚距离地面有4英尺。这个地方还可以容纳三四个人，令人遗憾的是，现在还没有到结浆果的季节。

这片蓝莓林对于山鹑来说一定再熟悉不过了。毫无疑问，它们在远处就发现了这个独特的树梢，就像子弹一样飞奔而来。事实上，我在冰面上发现了它们的足迹，它们是在前一次解冻的时候才飞到这里的，来到这里享用草莓树的大个红色的蓓蕾。

这些树丛之所以还未被砍掉，就是因为它们生长在很难到达的小岛上。或许在白人来到这里之前，这里还存在着更大的树木。但现在小岛上只有小小的紫茎忍冬，所以，这片蓝莓丛才会获得充分的生长，成为我所见过的最大的一丛蓝莓树。一般情况下，它们比很多花园里人工培育的果树的年龄更大，或许在作者出生之前就已经结果了。

大约在相同的时间里，晚熟的矮树草莓也开始成熟了。它们坚实的浆果经常会与同样大小的越橘丛共同被发现。这属于一种笔直而纤细的灌木，只有少数长长的、弯曲的树干，绿树皮，红嫩枝，灰绿树叶，花朵也呈现出淡淡的玫瑰色。它们生长在开阔的山坡上，或者是牧场上，或者是稀疏的树林里，有 1.5～2 英尺高。

这种灰绿色的灌木果实成熟的时间要早于越橘，味道也比越橘甜，但甜度还是比不上一些悬钩子。矮树蓝莓与高树蓝莓开的花要比其他的越橘密实，所以，结出的浆果才会聚成团，就像是总状花序那样。你可以一次性摘下一把，上面的浆果的大小与质量都不相同。开始时,你会发现最成熟的果子,它们不是生长在山顶,也不是在较低的斜坡上,而是生长在陡坡或所谓的山"尖"处,或者是能够得到最多阳光与热量的最南边,或者是南坡上。

这一种类的矮树草莓,属于很多人唯一知道的品种,因为他们的考察与远征都较晚。最早的矮树草莓,我们为了方便,可以称之为"蓝花莓",现在,我们假设它们还是幼苗,培育的过程中还未结果。它热爱高山与泉水,花朵是浅蓝色的,那么的耀眼、朴素、芳香,但我们必须承认,它又是那么的柔弱、单薄与无味。但第二种矮树蓝莓与固体食物更像,坚硬,呈面饼形状,只不过还很粗糙。

它们没用几年的时间便长得那么大了,数量又特别多。到8月20日时,尽管它们看上去还不错,但也开始有些枯萎了,这时的越橘已经进入结果期。至9月1日时,它们中的有些已经干瘪了,若再遇到湿季,便开始腐烂了。如果天气还干燥,它们就会处于半干状态。许多果实就像是在锅里烤过了一样,那么硬,但却还是那么的甜美,也并不像越橘那样有很多的虫子。这种优质水果是值得推荐的,你能够在它们仍然还是植物食品时安心地采摘,或者食用。在这个州干旱季节来临时,这种果子依然很多。事实上,在几乎所有的其他植物因为秋天而变成深红、金黄时,我有时依然能在9月中旬采到这种果子。蓝莓几乎辛辣的果子还挂在枝头,和明亮的树叶形成奇异的对比。

Chapter 3

野草与牧场

有一种事实仿佛会让人感到惊讶，
草籽为人类供应食物，草会紧随人走，就像是家畜似的。

皮克林在与种族相关的作品中讲道："我发现在切努克村子旁边的两种野草生长得极其茂密，它们是扁蓄与灰菜。在处于格雷港的偏远地区，布莱克瑞吉先生便遇到了第三种植物：车前草。"

最近一段时间，一些植物，如一些苋属植物与荠菜、俄勒冈州的风铃草与春蓼、臭甘菊、尼斯卡里港的苦苣菜以及粟米草被引进北美地区。

库克与福斯特在新西兰发现的植物有：苦苣菜（一经引入就会立即在新土地上进行扩张）、篱打碗花、刺黄瓜。

来自于欧洲的植物有：秘鲁与巴塔哥尼亚等地的马齿苋、

苦苣菜、夏威夷群岛的刺黄瓜。

来自埃及的植物有：灰菜、一些蓼属植物、刺荨麻、灰菜、繁缕与宝盖菜。

达尔文在《物种起源》里提道："在阿瑟·格雷博士的《北美植物手册》的最后一版中列举了260种移植植物，共有162属。我们发现了这些移植植物都具有自己独特的个性，并且它们与原生的植物也存在很大的区别。其中至少有100属不是本土的。"

相同的一种说法："阿方斯·康多尔曾说过，还未曾开裂的果实中从始到终都不会找到带翼的种子。"

达尔文在《环球旅行》一书中谈到了来自于欧洲的、现在在布宜诺斯艾利斯极其常见的刺菜蓟，它横跨大陆，由此而扩散开来。他说："仅在班达，就有很多，也许在几百平方英里的土地上都覆盖着这些带刺的植物，为此，人与兽是没有办法在其中穿越的。在连绵起伏的平原上生长着一些刺菜蓟，除此之外，什么都不能生长……我便对此表示怀疑了，在历史上是不是有超越于此的重大入侵事件呢？"

说到蒙特维的亚与其他地方之间的区别，达尔文则将其归结为施肥与牧牛，指出了同一现象在北美的平原上也有出现过："那里的杂草足足有五六英尺高，一旦将牛放进里面，那里就会成为极为普通的牧场。”

卡彭特在《植物学》中讲道:“有一种事实仿佛会让人感到惊讶,草籽为人类供应食物,草会紧随人走,就像是家畜似的。因为没有一种谷类植物可以在没有充足的磷酸镁与氨水的情况下结出可以生产大量淀粉的种子。所以,这些植物仅会在含有这种元素的土地上生长,除了上述提到过的硅与碳酸钾之外。对于这种植物而言,没有哪里会比人与动物共同居住地的土壤更加有营养了,因为这些元素大部分都在动物的体内,它们的排泄物和死后腐烂的尸体,经过分解之后便会进入土壤里。”

牛粪中的谷粒引起了我的注意,乌鸦与鸽子都会以此为食,这也许就是保持了种子的活力,而又帮助它们传播的方法吧。

如果有人对我能否展示足够的种子表示怀疑,只要看看每一年生长在路边与其他地方的野草的数量就知道了。这时,请他思考一下,一些种子会走多远,进一步说,它们的体积究竟有多小。每年,在这镇子里有许多绿色的花园,更不必说田野,就单说来自花园的两三浅盒的种子,它们还比不上四处行游的人们派送的一半。你几乎可以将它们都装在你的外套口袋中。有些种子确实是太小了,如果一粒也不浪费,你觉得1蒲式耳的芜菁种子可以撒满多大的面积呢?

PLANTAGO MAJOR

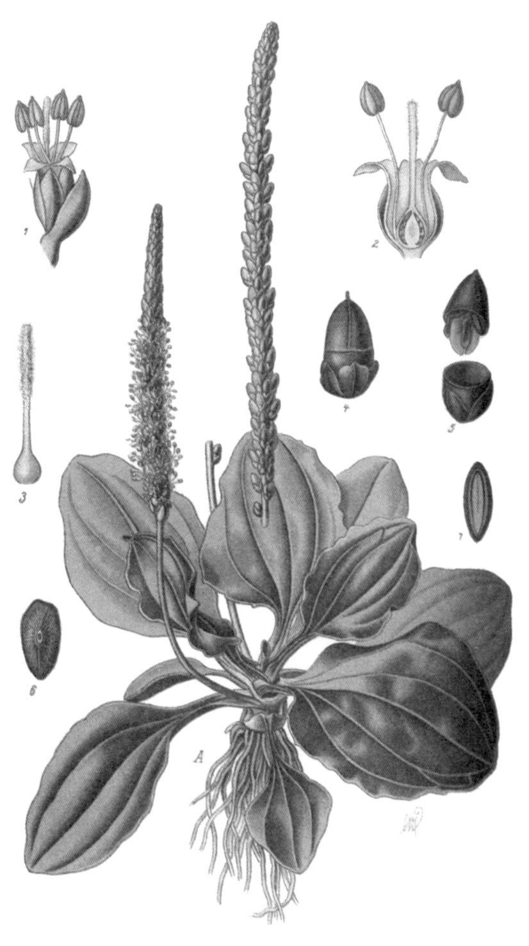

车前草

我发现在切努克村子旁边的两种野草生长得极其茂密，它们是扁蓄与灰菜。在处于格雷港的偏远地区，布莱克瑞吉先生便遇到了第三种植物：车前草。

PLANTAGO MAJOR

Chapter 4

森林里的树

……这里变成了温床，而已经沉睡了几百年的种子在温暖的土壤中也开始发芽，并慢慢生长了。

与森林植物更迭这个题目相关的一些至关重要的研究，都包含在了几篇文章里。其中包括 1808 年出版的《费城农业促进协会论文集》，以及 1847 年 4 月约翰·威廉·道森在《爱丁堡新哲学杂志》上发表的一篇文章。

以前在此问题上有独特见解的四位专家——最先关注这个问题的彼德斯先生以及阿德拉姆先生、米斯先生与考德威尔先生，借鉴了赫恩的《北方海畔游记》。该书写道，远至丘吉尔河北方岸边与内陆，“在土地，或者更为恰当地说是草丛与苔藓被烧过以后，不单单是草莓，还有悬钩子丛与蔷薇，在还未生长过的地方大量地生长出来了”。我发现赫恩的看法是，太阳和土壤发出的热量使已经生根的种子发芽了。

他们也引用了卡特赖特的《拉布拉多事务日记》。该书讲道："有一些人不经意间就会导致森林火灾，或者经过闪电，旧林子也被烧毁了，一般情况下，印第安茶树是最先生长的，第二是黑醋栗，再次便是桦树。"

在《费城农业促进协会论文集》中，在1808年，彼德斯证明了赫恩关于草莓的看法，就是大面积的松林被烧光之后，草莓便会生长出来。

马里兰的阿德拉姆先生在同一本集子里说道，他所生活的时代，大风过后，"野樱桃与白蜡树"会生长在宾夕法尼亚州靠近纽约的地方。

因为他们坚信"森林树种的更迭"。

米斯讲道："在石楠与苔藓丛生的苏格兰贫瘠的土地上，仅仅在土地的表面撒上石灰，不需要播种就可以长出苜蓿。"

受到阿德拉姆的启迪，彼德斯想到了类似这样的事实，就是在莱康明县的森林中，"被风吹过的，或者因年迈而跌落下来的老朽木，与现在的树林是极不相同的物种"。

彼德斯将乡间用语"思念松树"使用了起来，以此来形容松树被砍伐后，没有再生长出松树的土地。

当树林被砍伐而菊芹生长出来的时候，考德威尔在给彼德斯的信中提到:“每年都会生长出菊芹,到了第二年或第三年的夏天,就会收获白苜蓿,尽管在很多英里之内都找不到这种植物。”考德威尔还提到了杜克斯伯里的松树,觉得“此种植物属于一种新的自发生长的品种”,并不是由人或动物引进的。

但是我发现了一篇最有意义的文章,那就是道森先生的《北美森林毁灭和部分再生》。他讲道:“一般情况下,落叶乔木与硬木大多数都生长在丘陵间较低的地方,还有在肥沃的高地、板岩与玄武岩山的侧面与山顶。而洼地、高地、花岗岩山与贫瘠的地方则大部分都被松柏科的树木占据着。”

他还引用了提特斯·史密斯先生的话:

> 若一片森林里的一两英亩树林被砍伐掉了,这时,要顺其自然,因为在不久之后,又会有与之前类似的树苗生长出来。但是,若大片的土地上所有的树木都被大面积烧毁之后,除了洼地的一些地方,其他地方都会生长出不同的植物。首先便是大量的灌木与草,它们在树林还未被毁坏的时候就已经无法生长了。现在到处都堆放着腐烂的树根,植物的树皮也都已经被烧掉了,这里变成了温床,而已经沉睡了几百年的种子在温暖的土壤中也开始发芽,并慢慢生长了。在最贫瘠之处,到处都分布着蓝莓。杂草、红色的悬钩子与法国柳沿着山毛榉与铁杉的边缘生长,大批结有红浆果的接骨木与野樱桃也在短时间内长起来了。

但在几年的时间里，悬钩子与大部分的草却已消失殆尽。杉树也长起来了，还有黄色与白色的桦树和白杨。当连续发生了几次火灾之后，荒地上被小灌木占据着，其中石楠较多。经过10～12年之后，有很多的树皮形成，小桤木的灌木也开始长起来了，拥有了它的庇护，云杉、枞树、白桦与落叶松也长了起来。地上还有20英尺高的树丛遮盖。从一开始占据了这块土地的物种开始慢慢扩散，被它挡住的其他植物则逐渐窒息。60年内，土地会慢慢地被之前的老树种的新生代占据。

道森觉得上述内容本应如此，并且还要对此进行扩充。

他首先讲到的是蕨类植物与延龄草，它们的根庆幸地躲过了大火。紧接着便是秋麒麟草、柳叶菜、石松、紫莞与苔藓，它们的种子在空中飘浮着。最后还有小鸟扔下来的小水果。

“1825年，大火将上面谈到的马拉米奇的松林给烧毁了，而之后它又一次生长起来，主要是与白杨、白桦和野浆果共同生长起来的。……再次生长起来的时候总会包含之前的很多树种，当小树长到足够高时，它们以及其他可以长得更高的树将较矮的树给遮挡起来，直至它们死亡。这样的话，森林就进入了最后的一个阶段，那就是一种完美的改造。这一过程进入最后阶段的起因很明显是在一座老森林里，大型的、寿命长的树拥有扩张的趋势，它们排斥着异类。”但正如他所观察到的，人类会参与到这种更迭中。

Chapter 5

苹果树的历史

苹果在许多古语中都被作为水果的统称。
希腊语中的“瓜”则意味着苹果等果实，
还意味着羊等家畜，通常还可以作为财富的总称。

苹果树的历史与人类历史是息息相关的，这真让人匪夷所思。地理学家为我们指出，苹果等蔷薇科植物、草类与唇形科植物（抑或薄荷），仅仅比人类出现得稍微早了一点点而已。

人们在瑞士各大湖的湖底发现了神秘原始人的遗迹。也许，他们比罗马建国还要早，那个时候，还未曾出现金属工具，但是苹果好像已经成为他们的一种食物。在他们待的仓库里，曾发现了一整个皱巴巴的黑苹果。

塔西佗也说过，在古代的德国，那里的人用野苹果来填饱自己的肚子。

卡斯滕·尼布尔说："使用拉丁语与希腊语来表达房子、耕田、犁、天地、牛奶、苹果、酒、油、绵羊等，以及其他联系到农业和更温和的生活方式的词语，是一致的。而在拉丁语中，与战争或狩猎相联系的词，在希腊语中却是没有的。”所以，苹果树与橄榄树是一样的，都象征着和平。

早期，苹果的地位相当高，而且分布也极其广泛。

苹果在许多古语中都被作为水果的统称。希腊语中的“瓜”则意味着苹果等果实，还意味着羊等家畜，通常还可以作为财富的总称。

苹果一向都被罗马人、希伯来人、希腊人与斯堪的纳维亚人所赞扬。有的人认为，亚当与夏娃一开始就是被苹果所引诱的。在神话中，女神都会为了它而相互争抢，恶魔会紧盯着它，就连英雄也会受雇而去采摘它。

苹果树在《旧约》中至少被提及了三次，其中有两三处还讲到了苹果。所罗门这样唱道：“我的爱人在男子里就像是苹果树在树林里。”紧接着又唱道：“乞求你们给我葡萄干，这样可以增补我体力，给我苹果，以让我心畅快。”

从人的体貌上分析，最为高贵的部分就是以苹果命名的，即“the apple of the eye”（瞳孔）。

苹果树也曾被荷马与希罗多德提及。《荷马史诗》中讲到，奥德修斯在阿尔喀诺俄斯王丰富多彩的花园里发现了“石榴、梨子与美丽的苹果树”。而且根据荷兰人的描述，坦塔罗斯无法采到的果实中就包含苹果，因为，每次当他踮起脚尖想要摘取的时候，天空中就会有一阵大风刮来，将树枝吹向空中。泰奥弗拉斯托斯对苹果树非常了解，并且还像植物学家那样对它做了详细的描述。

古冰岛的散文集中讲道：“爱多娜藏有一箱苹果。当众神觉得老之将至之时，便要拿出一个来咬一口以起到返老还童的作用。他们会用这种方法来让自己保持住青春，直至世界毁灭（或众神毁灭）。”

我从约翰·克劳迪斯·路登那里获悉：古威尔士的游吟诗人如果唱歌好听的话，就会获得苹果树枝的奖励。而“在苏格兰高地，苹果树则是拉蒙特氏族的象征”。

苹果树主要生长于北方温带地区。路登曾说：“它生长在欧洲除寒带之外的所有地区，遍布于西亚、中国与日本。”北美本土也有两三个品种的苹果树。美国栽培的苹果树由第一批移民引进，据说，与其他地区的苹果树相比较，它们是有过之而无不及的。而英国现今栽培的一些品种很有可能是由罗马人引进的。

普里尼运用了泰奥弗拉斯托斯的分类方法，他说：“树分为两种，一种是完完全全野生的，而另一种则更加开化。”泰奥弗拉斯托斯则将苹果树归为另一种。从这个意义上分析，它确实是开化的：它如同鸽子一般无害处，如同玫瑰一样美丽，就像牛羊一样拥有无限的价值。它的培养历史超越于任何其他树种的历史，所以也更加通人性；而谁又曾知道，它将如同狗一般让我们无法找到它原本的野性。它与狗、牛、马一样，随着人类迁移；它们最初可能是由希腊迁移至意大利，紧接着又迁到了英国，而后又去了美国；现如今，它仍然继续沿着落日的方向前进，人们的口袋里装着苹果籽，抑或是在背包上捆着几棵苹果树苗，就像是西迁的移民。与去年的栽培量相比，今年最少也有100万株苹果树如此迁徙至偏远的西部。可以想象一下，那苹果花就像是安息日的人群一般，年复一年地在草原上铺展开来；因为人在迁移时，会带上他的家畜、鸟儿、蔬菜、昆虫与他的剑，同样还会带上他的果园。

针对许多像牛、马与羊那样的家畜，苹果树的树叶与嫩枝堪称一种美味的食物；而它的果实则更加是牛与猪争夺的对象。所以，这些动物与苹果树之间从开始便建立了一种超自然的联盟。据说，“在法国的森林里，沙果被野猪作为巨大的财富”。

除印第安人之外，许多本土的昆虫、鸟儿与四足动物也都很希望苹果树的到来。天幕毛虫会来到苹果树新生出的嫩枝上孵卵，至此之后又会与之相亲相爱；有一部分尺蠖也会搬离榆树而迁移至此安家。伴随着苹果树的迅猛生长，知更鸟、蓝知更鸟、王鸟、樱桃鸟与其他鸟类也匆匆来到这里筑巢歌唱。它们成了果园鸟，并以之前所未曾拥有的气势来繁衍生殖。这便开启了它们种族史的新时代。灵敏性较强的啄木鸟能够在树皮下发现非常可口的东西，为此而开始打孔，直至打了一整圈树杈才会离去——据我所悉，这是之前所未曾有过的。鹧鸪在很短的时间里便发现了这些甜蜜的嫩芽，于是，在冬天的每个傍晚都会从树林中飞来采摘，这是一件让农夫头痛的事。同时，不愿落后的兔子也尝到了树枝与树皮的香味；在果实成熟之时，松鼠们也会将其连滚带扛地挪至洞中；就连麝鼠也不会放弃这样的好机会，它们会在夜间从小溪爬上岸，贪婪地大口咀嚼，最后，竟然还会在草地上发现一条已经爬出的小路；就算是结冻或解冻的苹果，乌鸦与松鸦也不放弃，它们非常乐意偶尔过来品尝一下。当出现了第一棵空心苹果树时，猫头鹰便会钻进去将其作为自己的领地，并且还会因为找到了适合自己的地方而欢快愉悦；自此之后，它便在此安家，从未离开过。

由于我的主题是“野苹果”，所以我会对栽培苹果的状况简单提及，直接转至我的主要话题。

苹果花可能是所有开花的树里最美的，这与它香溢的味道完全匹配。如果经过这里的人看到一棵花瓣硕大无比，而且还相当漂亮的苹果树之时，他们经常会被吸引而停住脚步，流连忘返。与无色无味的梨花相比，它表现出来的却是卓尔不群。

进入7月中旬，又肥又大的青苹果像是一个被溺爱的孩子一样，提醒我们秋天就快来了。通常，地上还会有一些没有成熟的果子，那是大自然在代替我们做疏散的工作。罗马的一个作家帕拉迪奥斯曾讲过：“在分裂的树根里放入石头，如果这时候有还未成熟的青苹果落到地上，石头就可以顺势将其接住。”而今，仍然有人会相信类似这样的话。从他们这里我们了解到，为什么树杈上的石头会如此之大。英国的萨福克也曾有这样的一句谚语：

在米迦勒节或者是前几天，

苹果生长出了微小的果核。

早熟的苹果成熟的时间是8月初左右；但我认为，它们的味道闻起来还比不上一些晚熟的苹果。晚熟的苹果足以让你的手绢上留下余香，要比商店里卖的任何一种香水都珍贵。鲜花与一些果实散发出来的味道让人难以忘怀。我曾在路上捡到过一个长瘤的苹果，它的香气散发出来是如此的迷人，这便让我与果树女神的所有宝藏联想在了一起——在果园与酿酒坊的附近，金黄或红润的苹果堆积在一起，如同一座座小山。

过了一两周之后，尤其是在傍晚的时候，当你经过果园或花园，你会穿过一小块地方，这儿有熟透了的苹果散发着迷人的芳香之气。而你也可以放纵地享受着它们为你带来的快乐，也不用打劫,不用买单。

所以,凡是自然所造之物都具有一种不稳定而又缥缈无形的特质,这种特质又象征着它们崇高的价值不可以被世俗化或进行金钱交易。凡人无法体会的果实最完美的滋味,只有圣者才能够领悟到其中的芳香之气。那是因为神酒与神馔这类的世间珍馐所散发出来的美味,并非我们这样的粗鄙之人所能领悟——就像是我们身处天堂但却不自知一样。在早熟苹果成熟的季节里,我曾见过吝啬的人会担起一筐甜而大的苹果赶去早市售卖,每到这时,我的脑海便会出现一场这样的竞赛,一边是他与他的马,另一边则是苹果,而在我看来,苹果总是属于赢的那一方。普里尼说,苹果是万物中最为重要之物,以至于牛一看到它们就已冒汗了。车夫一旦尝试着将它们运至不恰当的处所,即不富饶之地,他车上的苹果就会随之而减少。即使他不断地会出来看一看或摸一摸,心中想:它们都还在呢,但这时的我却看到它们善变与空灵的灵魂交织在一起,由马车升至天空,最终被送到市场的仅仅是些果肉、果核与果皮罢了。它们不是苹果,应该称得上是果渣。这些还是青春女神伊敦的苹果吗?它们还会让众神永葆青春吗?当它们皱巴巴、黯然失色时,你认为众神还会让洛基将它们搬回自己的家吗?不会的,因为世界末日还没有到来呢。

还有一次落果，一般会在将近8月或者9月之时，那时地上到处都是落果；尤其是遇到强风暴雨的时候，有些果园会损失大约3/4的苹果。它们当前是那样的青涩坚硬，在树的下面排列出了一个圆形。如果果园在山坡上，那么从上面落下来的果实就会滚到山下很远的地方。然而即使事情再糟糕，也总会有利于一些人的。乡下所有的人都忙于捡苹果，这样，不用花钱也可以在最早的时间里吃上它们了。

10月的时候，树叶凋零，苹果因此而失去了保护伞，这样它便也显得更加引人注目了。那一年，我在邻村看到了几棵枝丫蔓垂的果树，上面结满了黄澄澄的苹果，将树枝压得弯弯的，悬挂在路边，这是我人生中第一次看到的景象。被压弯的树枝显得那么优雅，就如同小檗灌丛一样，整棵树看上去都焕然一新了，甚至连顶端的树枝都不再耸立了，它们向四面八方伸展着，低垂着。再看底部的树枝，由许多根木棍支撑起来，就像是榕树根系横生的模样。这就像一部古英语典籍上所说的："树枝越往下就越弯曲得厉害。"

毫无疑问，苹果是最为高贵的一种水果，享用它的人是最美丽、最敏捷之人。这应该就是苹果的通行价格了吧。

在10月5日至20日，我在树下会发现一些木桶，这是果农们为了能够更好出售而筛选苹果的工具。偶尔，我会走到他们其中的一个身边，与他们搭话。这时，他正在反复地检查着一个有污点的苹果，没一会工夫，他便将它挑选了出去。如果要我说说此时此刻的想法，我会说，凡是经他挑选过的苹果都会有污点，原因是他将苹果的朝气抹掉了，同时苹果上面缥缈不定的灵气也消失殆尽。傍晚寒气袭来，果农们便匆匆忙忙地完成了工作，最后让七零八落的梯子与苹果树相互做伴。

假如我们快乐而又充满感激地收下这些苹果作为礼物，而不是仅仅为它提供新鲜的肥料，那就再好不过了。要保守一点，英国的一些古代习俗还是可以给人带来警示的。我曾在布兰德的《古代流行风俗》中找到了一些精简的描述。书上讲道："平安夜来临时，德文郡的农夫与雇主需要用盛满一大碗的放了吐司的苹果酒，庄重地走向果园，进而对苹果树礼拜，目的就是让它在来年更好地开花结果。"他们先"将苹果酒洒向树根，再将几片吐司挂在树枝上"，"再在结果数量最多的那棵苹果树四周围上一圈，举杯欢庆，连说三遍下面的祝酒词：

我们向你举杯，老苹果树，

祝愿你发芽，祝愿你开花，

祝愿你果实累累，结满枝丫！

装满大帽子，也装满小帽子！

HIPPOPHAE RHAMNOIDES

—— 沙果 ——

刚刚踏上密歇根的土地，车窗外便浮现出遍地开着粉色花朵的沙果树来，一幅美丽的图画映入眼帘。开始，我认为那只是某一种荆棘树;但瞬间便反应了过来——这就是我一直在寻觅的沙果树。

HIPPOPHAE RHAMNOIDES

装满框子、篮子、麻袋子！

还有我的口袋子！ 哇！”

除此之外，人们提及的“苹果多多”是之前英国一些地区的习俗。除夕夜来临时，一群孩子会去往不同的果园，同时环绕着苹果树反复说着这样的话：

树根深深扎向泥土！ 树冠密密长得茂盛！

祈求上帝赐予一个好的收成：

小树枝上结上了大苹果；

大树枝上的苹果多多！

“紧接着，他们都齐声唱着，当中有一个孩子吹着牛角作为伴唱。整个过程中，他们都手持木棍在树干上叩打着。”他们将这种行为称之为与树“干杯”，有的人认为这种习俗来自于“异教徒供奉果树女神”。

赫里克唱着：“向树举杯，祝愿它们可以带给你/丰硕的李子与梨/给予多少祝福/就会拥有多少果实。”

与吟咏葡萄酒相比，我们的诗人更加有理由来赞颂苹果酒；但是他们的诗歌本应比英国的更为优美，要不然就辜负了我们的缪斯。

Chapter 6

野苹果

当我经过这株晚熟而又耐寒的苹果树时，
看到上面悬挂着的果实，我会不由自主地肃然起敬。

关于栽培苹果我只说到这里。相对而言，我更喜欢走在还未嫁接的苹果树之间，以此来领悟老果园在一年四季不同的景象。它们的排列毫无章法可循：有时两棵树会挤在一起；有时行列极无规则，让人感觉它们是在主人不注意的时候生长出来的，或者是主人在梦游的时候不经意间摆放的。而嫁接的苹果园却并不如此吸引我漫步于其中。而今，人们对苹果园的破坏也只不过是我之前的回忆，并不是近期所经历的。

有的地方是适合苹果生长的。在我家附近，就有一长条叫作伊斯特布鲁克斯村的石地，这里生长的苹果树不用人来照顾，只需要每年犁一次即可，但却要比一些地方费尽心思培育的苹果树长得快。这块地的主人非常确信这里是适合种果树的，但却会因为石头太多而认为犁地会带来很大的麻烦，再加上这里的位置较偏，所以就一直迟迟没有将其开垦出来。不知道是最近的时间，还是已经有段时间了，那里长出了稀疏的一大片果园。不仅如此，它们还无规则地窜出地面，生长出茂盛的花朵果实，跻身于松树、桦树、橡树与枫树之间。我常常会惊讶地发现，在这些树之间总会冒出苹果树丰满的树冠，看到它那红黄的果实让人眼前一亮。这些景色与林中的秋色融在了一起。

11 月 1 日这一天，我爬上了悬崖的一侧，发现了一棵茂盛的苹果树。这是经过鸟或牛播种而得来的，它在岩石与空旷的森林里快速地成长，还避免了霜冻给它带来的折磨。在所有的栽培苹果都已被收获的季节里，它仍然硕果累累。树上的绿叶繁盛，让人觉得上面有很多刺，整棵树看上去都充满着野性的生命力。虽然这时它的果实看上去是青涩而又坚硬的，但看它的样子，似乎到了冬日的时候就会变得非常可口了。有一部分果子吊在小树枝上，但大部分还是躲在了湿树叶的下面，有的甚至从山上滚下，与山石混在一起。主人对这些却毫无察觉。只有山雀知道它的开花与结果时间，其他人都不知道，也没有人会在树下的草地上面向它跳舞致敬，当然了，也没有人去采摘它成熟的果实。根据我平日里的观察，只有松鼠才会去啃噬它的果实。

它完成了两项工作——既长出了果实，又在每一根树枝上延伸了1英尺。它就是这样的一种水果！我们不得不承认，它们的体积要大于很多的浆果，如果我们将其带到家中，到了第二年的时候，它们依然还是那么的美味。拥有它们，即使是爱多娜珍藏的苹果对我而言又如何呢？

当我经过这株晚熟而又耐寒的苹果树时，看到上面悬挂着的果实，我会不由自主地肃然起敬。尽管我吃不着它们，但我还是要感恩于大自然的那份慷慨情怀——在一处坎坷不平、绿树成荫的山坡上长出一株苹果树。它没有经过人工种植，也并非之前果园的遗留物，而是与松树、橡树一样，完全靠自己的力量生长起来。我们享用的重要食物中，极大一部分依靠我们的种植而得，就像玉米、谷粒、马铃薯、桃子和瓜类等；而苹果却像人一样，那么独立，还具有进取的精神。它并不仅仅像我所讲的那样，是依靠外界力量运过来的；甚至在这个时候，它还要跨越整个大陆，迁移至本土森林里来，就如同牛、马与狗那样，有的时候也会为维持生计而不断地在各个地方奔波。

就算是生长在最不恰当的地方的一个最为酸涩而难以下咽的苹果，它也可以代表以上的这种思想，同样也是那么的高贵。

Chapter 7

沙 果

通过人工培育的沙果并不会产生新的美味品种，
但它那迷人的花瓣与甜美的香味却会受到人们的称赞。

即使如此,我们的野苹果本身具有的野性特质也与我们人类相同;它虽称不上是土生土长,但也被归入了本地物种的队伍。就像我所说的那样,在这片乡野里还长着一种更加野生的本土原始水果——沙果。

听说,它的天性亦如此,还未经过任何的人工修饰。从纽约西部至明尼苏达,或再往南部的地方都有它的倩影出现。按照米肖的说法,普通的沙果树高 15~18 英尺,极个别的高为 15~30 英尺,但两者之间几乎无异。它们的花瓣为粉白色,伞状花序,同时香味十分浓郁。据他说,沙果的直径大约为 1.5 英寸,入口极酸,但却可以制作出优良的甜食与苹果酒。据米肖推断,

“通过人工培育的沙果并不会产生新的美味品种，但它那迷人的花瓣与甜美的香味却会受到人们的称赞。”

直至1861年5月时，我才第一次见到沙果。尽管米肖之前曾提到过它，但据我了解，它并没有受到现代植物学家的重点关注。所以我会对它产生了怀疑。我计划要踏上前往宾夕法尼亚的朝圣之旅，听说那里的沙果品质最佳。我也有去苗圃采摘的冲动，但并不确定究竟在什么地方，也不确定是否能够将它与欧洲的品种区分开来。最终，我拥有了去明尼苏达州的机会。刚刚踏上密歇根的土地，车窗外便浮现出遍地开着粉色花朵的沙果树来，一幅美丽的图画映入眼帘。开始，我认为那只是某一种荆棘树，但瞬间便反应了过来——这就是我一直在寻觅的沙果树。

5月中旬的这个时节里，我透过车窗看到的仅仅是花朵盛开着的沙果树。但车子没有为此而停留片刻，因此，我就像被诅咒的坦塔罗斯似的，一直到密西西比都没有摸到一株沙果树。到了圣安东尼瀑布，我知道这里太靠北了，根本就不会看到沙果树，这是一件让我遗憾的事。尽管这样，我还是在瀑布西侧大约8英里的地方找到了它；我反复抚摸着，不断地闻着，还随便掐了一簇花做标本，作为纪念。这里一定是沙果树所能达到的极限了。

Chapter 8

野苹果的生长习性

几乎所有种类的树种都会经受很多的考验，
也没有哪种树在抵御敌人方面比苹果树更加顽强。

那些生长在偏远森林里的苹果树，虽然曾经经过了人工培育，但是却扎根在遥远的田野、森林里，并定居在此。所以，那些本地的品种虽像印第安人一样土生土长，但坚韧度不一定会优于前者。据我所悉，几乎所有种类的树种都会经受很多的考验，也没有哪种树在抵御敌人方面比苹果树更加顽强。与它们有关的故事我必须讲出来。这个故事经常会被这样描述。

在伊斯特布鲁克斯村的一片石地与萨德伯里的诺伯斯哥特山顶部生长着茂密的苹果树。大约在5月初之时，曾被牛光顾过的那些草原亦如此。这里，我们也会发现几株小苹果树，也许有一两株可以扛过干旱和其他方面的灾害，因为当它们还在幼苗期时就可以抵御杂草等其他因素的威胁。再过两年,它会高过石群,放眼观望辽阔的世界,不畏惧往来的兽群。但它那时幼嫩的枝叶,也经历种种磨难,一头公牛来此觅食,将它拦腰啃断。

也许这次是因为它与野草混在一起,所以觅食的牛并没有注意到它;但到了第二年时,它长得更加粗壮之时,牛便可以认出它是自己的菜了。苹果树枝叶的味道,对于牛来说,是熟悉得不能再熟悉了;尽管一开始牛怀着欣喜的态度来欢迎它,但得到的回应却是:“我到这里的原因与你是一样的。”牛最后还是将它吃到自己的肚子里了,而且还在想,自己是有权力做这种事的。

虽然每年都会被咬断,但它也并没有放弃;它除了要长出两条小树枝之外,还将身体贴着地面通往空地与石缝。这样的话,它就越发的矮小粗壮了,树干也坚硬而杂乱,直至成长为一个类似小金字塔的形状而非常规的树形,几乎像石头那样结实与浓密。它的枝杈浓密而固执,像荆棘一样,这些苹果树相互协作,构成了最浓密而深不见底的森林,这是我之前未曾见到过的。它们与山顶上的那些让人用脚踩踏过的矮冷杉、黑云杉一样,头号敌人就是寒冷。也难怪到最后它们会生长出刺来与它们的敌人相抗衡。即便如此,它们也并不怀有恶意,只是让苹果多了酸味而已。

上述我所提到的多石的草原(因为有石头的地方是利于苹果树维持土壤的)被这些厚而密的小树丛所点缀,这种情况往往会让人想起一些僵硬灰暗的苔藓或者地衣。在它们的中间,还有无数的小树苗拔地而起,在它们的树根上也粘着种子。

这些树丛仿佛是被园丁用大剪刀修过的篱笆一样,每年都会被牛群修剪一番。它们的高度有1～4英尺,一般呈完美的圆锥形或金字塔形,树冠多少会呈尖形。太阳落山之时,诺伯斯哥特山的草原与矮树丛会映射出它们华丽的倩影。对于很多在它们当中栖息与筑巢的鸟儿来讲,这里可以说是一个理想中的避风港了,最关键的是还可以防止老鹰吃掉自己。到了夜间,所有的鸟群都栖息于此。曾经,我就在一棵直径为6英尺的树上看到了三个知更鸟的鸟巢。

若从播种的那天算起,毫无疑问,野苹果树已经衰老。但是,如果单从它们的成长阶段与余下的寿命来考虑,那它们只能被称为婴儿了。又一次,我在数年轮时发现,虽然它的高与宽只有1英尺,但年龄已经有12岁了,同时也相当健壮与茂盛!它们的身形如此渺小,并不容易被发现,但那些生长在苗圃里的同类却已经硕果累累了。也许,在这种情况下,你及时获取了树木的果实,却也让它失去了力量(这里指树的生命力),只有树的活力保持着，才能形成这样的金字塔状态。

日复一日，牛群在啃食着苹果树，而苹果树也在不断地长出新的枝条，就这样过了20年或者更长的时间，苹果树延展伸长、越长越高，直至最后将枝叶变为自己的围墙。这时，猛然间会有一棵嫩芽欣喜若狂地迸发出来，伸向它们的对手所触不到的地方。因为，它心心念念的都是向上，还要结出独特而又带着胜利的果实。

正因为它采用了这种战术，才可以在最后战胜啃食自己的牛。现今，若你已经看到了苹果树的成长，那你就会明白了，它不再是一个简简单单的金字塔或圆锥体了。从它的树冠冒出的一两根小树枝要比果园里的树还要精力充沛地生长，因为这些小树枝会将自己积压的所有能量都贡献给最上面的地方。用不了多长时间，这些树枝就会成为小树苗，成为相互连接的小金字塔，共同拼接成一个巨大的沙漏。下面的藤蔓完成自己的使命之后便会消失得不见踪迹，树干则在经历了很多次的蹂躏之后仍然茁壮成长，这个时候还在被牛群磨蹭着。现如今，这些牛对它们的威胁已然不大了，它们甚至还不时地品味着树上的果实呢，这样也可以将种子播散到各个地方。这时的苹果树显得那么慷慨，它们默许了牛群的这种行为。

牛群也是利用这种方法来建造居所与获得食物的；而这一

过程，苹果树与它倒立的漏斗仿佛也重获了一次生命。

如今，很多人都不知道应该将小苹果树修剪到鼻子高还是眼睛高，这个问题至关重要。而对我而言，最理想的高度就是牛能够到的最高点。

尽管它会遭遇牛群与其他敌人的侵扰，尽管它会受到歧视，而且也只能为小鸟们提供防御老鹰的避难所，但最终它也会迎来属于自己的花季，并且迟早会结出果实。虽然它的收获不能称得上丰盛，但却是那么的真诚。

10月底树叶凋零落尽之时，我常常会在树的中央看到这样的情景，枝杈上首次结出了细小的绿色、黄色，或者玫瑰红的果实，就连牛群也拿它们没有办法，因为在它的周围有浓密带刺的篱笆，这样就可以将它们保护起来。于是，我连忙品尝着这个新品种。而在之前进行观察的时候，竟还以为它忘记了自己的本分呢。

它究竟遭遇了多少艰难险阻才结出一个香甜可口的果实来呢？

尽管个头不大，但与生长在花园里的苹果树比较，它的味道真是无与伦比。也许正因为它经历了很多的磨难，它的口感才如此美味吧。在某一个迄今为止都无人知晓的、偏远多石的山坡上，有一头牛，或者是一只鸟，在无意间撒下了一粒种子，然后

PYRUS MALUS

野苹果

在与野苹果接触的过程中，我悟到了一个道理，那就是为什么很多事情遭到文明人的抗拒却受到野蛮人的青睐。因为野蛮人经常在户外活动，而且野蛮人又天生具有欣赏野果的能力，或者说野果中拥有野蛮人喜欢的那种味道。

PYRUS MALUS

又会让人如此意外地结出果子。谁又能晓得，这个野果在将来会是同类中最优良的果子呢？尽管这块土地的主人如此的卑微，且无人知晓(至少村庄以外的人不会知晓)，但它的果实却四海皆知：就连国外的君主都知晓，皇族人士也都对它喜爱有加。波特家族与鲍德温家族的规模也是这样发展而来的。

任何一株野苹果树都是如此，它们让我们如此期待，就像是流落在外而实质上是一位乔装的王子一样。那是多么深刻的教训啊！人类同样也是这样的，生命本身就是向往、追寻完美的神果，进而接受着命运的戏弄；而只有那些最坚定、最强壮的天才才有能力保护自己，最后成功地生长出嫩枝，将完美无缺的果实扔给毫无良心的土地。所以，诗人、哲学家与政治家在乡村田野上会迅猛地成长，而那些庸碌之辈最终会被淘汰掉。

求知的道理一向都是这样。赫斯帕里得斯的金苹果从始至终都会有不眠的百头巨龙来守护，所以，想要摘它们是需要花费很大的力气的。

这是野苹果进行繁殖与扩张的最非凡的方式，但无论是在森林、沼泽，还是在土壤肥沃的路边，每一棵苹果树之间都相隔很远，而且相对来说生长较快。生长于浓密森林里的野苹果则高大而细长。我常常会从这些树上摘下温和而平淡的果实。就像帕拉迪奥斯的那句话：“地上散落着未经邀请而来的苹果。”

曾有这样一句话，若野苹果自身没有结出优质的果实，那它就可以用最佳方式将其他苹果树的优良品质传递给它的后辈。而我需要寻找的并非传播介质，而是果实本身，因为它带着刺激的口感，并没有经历过任何的“软化”。

Chapter 9

果实以及口味

它们的味道就像缪斯般野性、活跃与让人振奋。

10月底或者11月初是野苹果成熟的时候。因为成熟时期较晚，所以味道也是相当不错的，再看外观，或许与以往一样漂亮。虽然这些水果在农夫的眼中并不值得一提，但我却对此做了详细的记录。它们的味道就像缪斯般野性、活跃与让人振奋。农夫认为在木桶里还有比这些更优质的，其实，他的这种想法大错特错了，因为他并不像散步者那样食欲饱满，并且还具有丰富的想象力。

一些苹果树会毫无章法地生长，一直到11月1日才会被主人想到。我觉得他本意是没有打算来收获的。它们属于与自己一样野生的小孩子，属于我所熟知的几个充满活力的男孩，属于田野中眼神里充满了野性的女人，属于世界一切事情都不顺心之人，更为关键的是，它们属于我们这些散步的人。我们见到过它们，也拥有它们。长此以往，人们都坚持着这些权利，在一些古老的国度，已经将此演变为一种习俗，通过它，人们知道了怎样去生活。我曾听说过，在过去的赫里福郡有一种习俗是捡苹果，现在这种习俗可能依然存在。人们经过了一次大的收获之后，会在每棵树上放几个苹果（俗称贪婪果），然后小男孩会拿着爬杆与口袋去树上采摘。

以上我所讲到的那些苹果，都是在这块土地上土生土长的野果，为它们提供生长条件的老树在我很小的时候就一直衰老，但是还没有完全死去。因为主人实在不忍心看到树枝的下面正在腐烂，所以宁愿对它不理不睬，而今，只有啄木鸟和松鼠前来光顾。走近它向顶端看去，你会有一种期望，让地衣从上面长出，但让你欣喜的是在地上布满了新鲜的苹果：其中的一部分还带着松鼠的牙印，也有可能是从松鼠洞里掉出来的；还有的里面还藏着一两只蟋蟀，它们悄悄地偷吃着里面的东西；或者里面还会有一只贪嘴的无壳蜗牛，特别是在天气潮湿的时候。当你再看到树冠上的一些棍棒与石头的时候，你就会确信，那些在过去被人们争相追逐的果子是多么的美味可口了。

与嫁接的苹果相比，野苹果更符合我的口味。从 10 月份至第二年的1月，甚至是2到3月份，当它们稍微苏醒过来后，便会散发出极为独特而又野性的那种美国风味。尽管这样，我在《美国的水果与水果树》中却从未看到过对它们的介绍。我有个邻居，是一位老农夫，他一针见血地指出了它们的味道似弓箭，具有野性，又是那么的独特。

对于嫁接苹果的筛选标准似乎并没有多么的复杂，人们会关注它们温和的口感以及尺寸。就果树本身的健康而言，它们并没有多美。讲实话，我对于那些果树栽培方面的绅士筛选出来的清单一点都不相信。从他们口中说出的“宠儿”“独一无二”或者“无法比拟”，一般都缺乏野性，短时间内就被人们抛之脑后。它们嚼起来一点美味也没有，很难让人迷乱于它。

如果将这些野生苹果榨成酸涩难以下咽的果汁又会如何呢？那时，它们还会是单纯善良的苹果亚科植物吗？我仍然不舍得将它们榨成果汁。或许它们还需要过一段时间才能成熟。

也难怪会有人认为这种小红苹果最适宜榨果汁了。路登曾引用了《赫福特郡报告》中的一句话说：“在口感相同的情况下，小苹果受欢迎的程度要高于大苹果，那是因为前者的果皮、果核与果肉的比例是最匹配的，所以它的果汁才会温和与丰富。”除此之外，路登还说：“为了验证这一观点，赫福特郡的西蒙兹博士在1800年左右，仅仅用了果皮与果核自制了一桶苹果酒，又使用果肉制了另一桶。自制的第一桶后劲很足,口感上很刺激;而第二桶则香甜而柔和。"

根据英国作家伊夫林的说法,在他那个年代,"红纹苹果"酿制的苹果酒深受人们的欢迎。他还引述了一位纽伯格博士的话说:"我曾听说,生活在泽西岛上的人们都认为,苹果越红越容易酿制苹果酒。他们是从来不用颜色发白的苹果酿酒的。"这种观点现在也依然盛行。

11月份的苹果没有品质不好这么一说。一些顾客觉得难吃且滞销的苹果虽然被果农挑出去了,但对于路过苹果树的散步者而言,却是极美味的。但让人想不到的是,那些在田野或森林里吃起来美味而又多汁的苹果一旦被带到家里,便经常会出现酸苦的味道。散步者们钟爱于苹果,但如果是被带到家中的苹果,恐怕就连他们也无法享用了。我们的味蕾就像吃到了山楂与橡子那样缩了回来,而且还渴望吃到味道平淡的苹果;之所以会这样,就是因为你缺少了11月空气的味道,而它却是吃苹果时的佐餐酱。与之对应的,当太阳西斜,提居鲁邀请梅利伯来自己家里过夜时,他承诺为对方准备温和的苹果与柔软的栗子。我常常回去摘不同口味的刺激的野苹果,那时,我也会充满疑惑,为什么果园的主人从这些树上折一根嫩枝呢?因为我每次过来时都会满载而归。但也有的时候,我会将它们从桌里拿出来细细品味，它竟让我觉得出乎意料的酸涩，这种酸的程度足够酸掉松鼠的牙了，松鸦也会被酸得发出异样的尖叫。

就这样，这些苹果承受着风霜雨露的洗礼，在成熟的过程中汲取了天气或时令的精华，而让自己变得韵味十足。这时，他们的灵气会穿透我们的灵魂，与我们交织在一起。所以，食用它们的最佳时机是在当季，换句话说，就是在野外直接可以享用之时。

在 10 月成熟的这些果实带着野性与刺激的味道，在欣赏、品味的时候你还要呼吸着 10 月与 11 月空气中的那种刺鼻的凉意。户外的呼吸与锻炼造就了散步者与众不同的味蕾，所以，那些不喜欢运动的人总是觉得酸涩的果实正是他所期盼的。在田野里，寒风吹动着光秃的树干，偶尔也会有剩余的几片残叶飘零在风中，发出沙沙的呻吟，旁边的松鸡也会尖声厉叫，寒冷啃噬着你的指尖，而在你的周身却散发着运动的微热。这时候，正是享用野果的恰当时机。如果你觉得家里的苹果酸涩，那么，你就可以外出散步，再享用时就会觉得香甜美味了。我们可放心为这些苹果贴上这样的标签："请在风中享用。"

当然了，苹果也不会损失掉任何一种口味——它们会成为怎样的口味全由自己做主。有的苹果会有两种不一样的口味，或许其中的一种口味需要在家中品味，而另一种则适合在户外品味。1782 年，来自拉夫堡的彼得·惠特尼为《波士顿学院学报》投过稿，其中对当地的一棵苹果树进行了如下的描述："它的果实的口感独特，有一部分会很酸，而另一部分则是甜的。"还有的苹果仅仅只是酸的或者甜的，而且整个树上的苹果口味总是多种多样的。

我的家乡娜肖塔克山上生长着一棵野苹果树。它有种苦味，很特别，让我觉得心旷神怡，然而，在你没有吃到3/4时肯定是体会不到这一点的。当你吃的时候，你会闻到有一股南瓜虫的味道，而吃过之后，在你的舌尖便会残留下它的余味。品味的时候，你会觉得那是一种莫名的荣誉。

听说，在普罗旺斯有一种李子树，它的果实被叫作李子，原因是吃的人会感觉到舌头酸得无法吹口哨。但是也许这是品尝的人在室内的原因吧，如果这时他身处室外，又在严酷的环境之下，有可能他们还可以吹出响亮的八度音呢。

对于田野而言，它只会欣赏大自然中的那些酸苦之物；沐浴在冬日正午的骄阳下，伐木人欣然自得地吃着午饭，顶着凉意盼望着夏日的来临；如果这时有学生在室内体验着这番场景，那便是极其痛苦的。充满寒意的并不是那些户外辛勤劳作的人，而是在家中待着的人。温度与口味相对应，酷暑与酸甜相对应。这种酸苦的超自然的美味尽管被害病的味蕾拒之门外，但却称得上是真正的调味品。

抛开所有的感官来体验一下你的调味品。想要尝到这些野苹果真正的口味,你必须有一个健康灵敏的感官系统,否则迟钝的舌头与后知后觉的味蕾是不容易被征服的。

在与野苹果接触的过程中,我悟到了一个道理,那就是为什么很多事情遭到文明人的抗拒却受到野蛮人的青睐。因为野蛮人经常在户外活动,而且野蛮人又天生具有欣赏野果的能力,或者说野果中拥有野蛮人喜欢的那种味道。

然而,想要品味苹果的生命力与各种不同类型的苹果,那是需要有一种健康的户外生活的。

我并不奢望拥有所有的苹果,

也不强求它去迎合任何人;

我不需它名垂千古,

也不要它满脸红霞,

它不能诅咒妻子之名,

也不会引起美丽纷争:

不,不! 我要它来自生命之树。

所以,苹果在田野与家中所蕴含的思想有所差别。我更愿意我的思想像野苹果那样,符合散步者的口味。如果他们要在家中品尝,那我就无法保证苹果的美味了。

Chapter 10

野苹果之美

有一部分苹果被霜冻染成了亮红色、
深红色与红色，
就像是它们做过有规律的旋转一样，
每一个部位都享受到了阳光的沐浴。

可以说,所有的野苹果都拥有华丽的外表。它们看着不粗糙、不丑陋、不变色。就算是长瘤,也会有自己特别好看的地方。你还会发现,苹果表面凹凸不平的地方到了傍晚就被泼上一抹红色。夏日之后,在苹果的表面会留下一些条纹与斑点,还会带上一些红点,以表示对曾经历过的每个早晨与傍晚的纪念;而身上的暗色锈斑也显示了自己经历的雾霾天与发霉的日子;如果有大块田野般的绿斑出现,那肯定是整个大自然的容貌;如果它的颜色呈现出了庄稼与山丘般的黄色与黄褐色,那就证明这种苹果的口味很温和。

我所讲到的这些苹果美丽得无法用言语来形容。它们不嘈杂混乱，而是那么的和谐[1]而保持同步。然而，还有一部分的长相一般，这也不足为奇。有一部分苹果被霜冻染成了亮红色、深红色与红色，就像是它们做过有规律的旋转一样，每一个部位都享受到了阳光的沐浴。还有一些也稍微带点娇羞的粉色；一部分还呈现出了奶油一样的深红色的条纹，或许，还有的是从梗洼到萼洼均匀地分布着血红色的线，就像是贯穿稻草色地面的子午线一样。有一部分带着一抹绿锈，仿佛是散落的地衣，上边还分布着深红色的斑点，一遇到水就变成了火焰色，同时还交叠在了一起；还有一部分长着瘤与斑，或者在花梗的那侧布满了深红色的斑点，仿佛是画家在画秋叶时无心溅到的一样；还有一部分被灌进了红色，从里面还长出了红心，简直太美了，都不忍心咬一口它，那似乎是专门用来供奉仙女的。它们与傍晚的天空交织在一起，是赫斯帕里得斯的金苹果。它们像极了在海岸上的贝壳、石子，最耀眼的时刻就显现在森林幽谷的枯叶中，融入秋天的气息，或者在潮湿的草地上，而不会是在房子里枯萎褪色的时候。

① 此处 concord 双关，既指和谐，又指康科德。